U0149428

AIGC 提示词美学定义

AESTHETIC DEFINITION OF PROMPT

傅炯 著
于春雨 绘制

人民邮电出版社
北京

图书在版编目（CIP）数据

AIGC提示词美学定义 / 傅炯著 ; 于春雨绘制. -- 北京 : 人民邮电出版社, 2024.7
ISBN 978-7-115-63841-0

Ⅰ. ①A… Ⅱ. ①傅… ②于… Ⅲ. ①人工智能 Ⅳ. ①TP18

中国国家版本馆CIP数据核字(2024)第048929号

内 容 提 要

本书是关于 AIGC（生成式人工智能）技术与作品美学定义方向的探索指南，旨在从美学定义的视角，为创作者提供审美要素、风格要素与应用方向要素的系统指导。在 AIGC 技术迅速发展的今天，本书强调技术仅是工具，真正的创新源于对美学的深刻理解和高水准的创意思考，我们旨在培养读者形成优秀的美学定义能力，以指导 AI 生成更高水平、更具深度的优质作品。

本书共 8 章，第一章简要介绍了 AIGC 的定义和发展历程等内容，第二章至第八章分别从光、材质、艺术流派、插画、游戏、女性美、流行趋势这几方面，向读者系统展示了在使用 AIGC 技术生成画面时，如何进行审美要素定义、风格要素定义和应用方向要素定义。

本书适合所有对 AIGC 艺术创作感兴趣的设计师、艺术家和创意工作者阅读。

◆ 著　　　傅　炯
绘　　制　于春雨
责任编辑　罗　芬
责任印制　焦志炜

◆ 人民邮电出版社出版发行　　北京市丰台区成寿寺路 11 号
邮编　100164　　电子邮件　315@ptpress.com.cn
网址　https://www.ptpress.com.cn
北京九天鸿程印刷有限责任公司印刷

◆ 开本：889×1194　1/32
印张：7.625　　　2024 年 7 月第 1 版
字数：174 千字　　2024 年12月北京第 2 次印刷

定价：79.90 元

读者服务热线：(010)81055410　印装质量热线：(010)81055316
反盗版热线：(010)81055315
广告经营许可证：京东市监广登字 20170147 号

序

AIGC（Artificial Intelligence Generated Content，生成式人工智能）并不是什么新鲜事物，在 20 世纪 50 年代，就有科学家开始了相关研究。经过半个多世纪的技术发展，再加上互联网上海量素材的积累，AIGC 最近到达了技术爆发期，也成为人们讨论的热门话题。

类似于历史上的其他技术革命，AIGC 也让人恐慌。有人觉得它会让很多人失去工作。而乐观的人会回想起人类从马车时代进入汽车时代，大量的马车夫失去了工作，但同时也产生了一个新的职业：汽车司机。2023 年 4 月 1 日晚上，笔者约了两位师弟夜谈，其中一位师弟徐涵神秘兮兮地说，AIGC 一定会催生一种新的职业：提示词工程师。那天晚上我们聊了很多事情，但当时我并没有考虑到 AIGC 跟我有什么关系。

4 月 10 日，师弟慈思远的设计社群集创堂举办了一场主题为“Design Tomorrow（明日设计）”的分享活动。在活动中，印隽老师讲解了 AIGC 的发展趋势和他在这方面的探索。一边聆听印隽老师的分享，我和师弟沈毅老师一边在下面“开小会”。我跟他讨论的是，AIGC 生成设计作品，是让设计更大众化了，还是依然保持了精英化的本质？当印隽老师讲解利用 AIGC 技术生成图像的时候，我们认为 AIGC 使设计更加大众化了，不会设计的普通人也能利用

“文生图”的原理，用 AIGC 创造出很漂亮的画面；但当印隽老师聊到提示词的精准和艺术性的时候，我和沈毅老师恍然大悟，又一致认为，设计依然保留着精英化的一面。其专业化、精英化无非是从画面的设计制作转移到了对画面的定义中。也就是说，设计师从创意、制作转变成了向 AIGC 下指令。设计师成了 AIGC 提示词工程师。

用提示词指挥 AI 生成画面，本质上就是对画面进行美学定义。美学定义包括三大要素的定义：审美要素定义、风格要素定义和应用方向要素定义。恰巧，笔者 20 多年的研究工作就聚焦于研究消费者的审美特征，帮助企业进行品牌和产品的美学定义。工业设计领域美学定义的方法论平移到 AIGC 领域还有效吗？我先带学生做实验。我带领 8 位同学对绘画、游戏、电影等艺术门类的画面风格进行分类，然后进一步对各个风格的色彩、光线、质感等要素进行分析。打好了这个基础以后，我希望带领职业设计师试验一下这套方法论的有效性。2023 年 6 月 16 日和 17 日，我带领 7 位专业设计师用 Midjourney 和 Stable Diffusion 来尝试我们的美学定义方法，印隽老师也全程参与。很幸运，我们的方法论“跑通”了。

看到我在朋友圈的晒图，人民邮电出版社的蒋艳老师鼓励我把这次的研究写成一本书，就是您现在看到的这本书。我带领平面设计师于春雨，用了两个月，把我们的方法论仔仔细细又实践了一遍，制作了本书中所有的作品。在这个过程中，我们对提示词进行了细致的试验。我们从光、材质、艺术流派、插画、游戏、女性美、流行趋势几个方面，对画面风格进行分类，尝试各种提示词的有效性。

本书第一章主要讲解利用 AIGC 技术生成画面的基本原理。虽然我们尽量写得简单易懂，但还是绕不开一些专业术语和技术描述。希望这部分不会给您带来思想负担，看不懂也没关系，就像开车不懂发动机，也不妨碍您享受驾驶的乐趣。后面的内容则是我们基于对画面风格的分类，利用提示词指挥 AIGC 工具生成画面的具体方法和案例。本书写作的风格比较平实，注重实验性和实践性。希望我们粗浅的研究能启发您生成更加优美的图片。

本书是我写得最快的一本书。首先感谢徐涵、沈毅两位师弟为我提供了写这本书的灵感和勇气；然后要感谢印隽老师在理论和设计实践方面的引导；感谢早期参与进来的八位学生——徐建华、金安安、魏堃、蒋依林、李朋卉、韦宇棒、蔡文浩、姜宇航，他们协助我搭建了初步的研究框架；感谢于春雨两个月来耐心工作，制作了本书的图片；还要感谢我团队的孔莹、杜文锦和郭聪儿三位老师，她们全程参与了研究和写作的过程，在 AIGC 领域对我们团队美学定义的能力进行了一次有益的操练。最后还要感谢挚友陈蔚武老师全程辅导本书图像的生成和文字的撰写，帮我们把控住了图文的逻辑和美感。

希望本书能给大家带来一些启发。

傅炯

2024 年 1 月 9 日

目录

第一章 AIGC 简介

第二章 光

第三章 材质

第六章 游戏

第七章 女性美

第四章 艺术流派

第五章 插画

第八章 流行趋势

Chapter

01

第一章

AIGC Overview

AIGC 简介

AIGC的定义

AIGC指通过人工智能技术自动生成内容。从定义上看，AIGC既是一种内容形态，也是内容生成的技术合集。狭义上看，AIGC是继PGC（Professional Generated Content，专业生产内容）与UGC（User Generated Content，用户生成内容）之后的一种内容形态，即利用人工智能技术生成的内容。广义上看，AIGC指的是自动化内容生成的技术合集，基于生成算法、训练数据、芯片算力，生成包括文本、音乐、图片、代码、视频等在内的多样化内容。

AIGC的发展历程

AIGC起源于20世纪50年代。经过多年发展，2022年，AIGC产品集中发布，引发社会广泛关注。

1. 技术萌芽期（20世纪50年代至90年代）

AIGC起源于20世纪50年代，莱杰伦·希勒（Lejaren Hiller）和伦纳德·艾萨克森（Leonard Issacson）完成了历史上第一个由计算机创作的音乐作品《依利亚克组曲》（Illiac Suite）。1966年，约瑟夫·魏岑鲍姆（Joseph Weizenbaum）和肯尼斯·科尔比（Kenneth Colby）共同开发了世界第一款可进行人机对话的机器人“伊莉莎”（Eliza），可通过关键字扫描和重组完成交互任务。80 年代中期，IBM 基于隐马尔可夫模型（Hidden Markov Model，HMM）开发了语音控制打字机“坦戈拉”（Tangora），坦戈拉能够处理约 20000 个单词。80 年代末至 90 年代中期，由于高昂的成本无法带来可观的商业变现，各国政府纷纷减少了在人工智能领域的投入，AIGC 没有取得重大突破。

2. 技术积累期（20 世纪 90 年代至 21 世纪初）

20 世纪 90 年代至 21 世纪初，AIGC 领域进入沉淀积累阶段，AIGC 逐渐从实验向实用转变，但受限于算法瓶颈，效果仍有待提升。直至 2006 年，深度学习算法取得重大突破，同时期图形处理器（Graphics Processing Unit，GPU）、张量处理器（Tensor Processing Unit，TPU）等算力设备性能不断提升，互联网使数据规模快速膨胀，为各类人工智能算法提供了海量训练数据，因此，人工智能取得了显著的进步。2007 年，纽约大学人工智能研究员罗斯·古德温（Ross Goodwin）装配的人工智能系统通过对公路旅行中的一切所见所闻进行记录和感知，撰写出小说《1 The Road》。作为世界第一部完全由人工智能创作的小说，其象征意义远大于实际意义。其整体可读性不强，拼写错误、辞藻空洞、逻辑不严谨等缺点明显。2012 年，微软公开展示了一个全自动同声传译系统，该系统可以基于深层神经网络（Deep Neural Network，DNN），自动将英文演讲者的内容通过语音识别、语言翻译、语音合成等技术转化为中文语音。

3. 技术拓展期（2010~2020 年）

2010 年以来，伴随着生成算法、预训练模型、多模态技术的迭代，人工智能技术在多个领域快速发展，人工智能生成的内容逐渐逼近人类水平。2014 年，伊恩 · 古德费洛（Ian Goodfellow）提出的生成对抗网络（Genrative Adversarial Network，GAN）成为最早的 AI 生成算法。2017 年，一种完全基于注意力机制的新神经网络架构横空出世，该架构被称为 Transformer。在这之后，基于流的生成模型（Flow-based Model）、扩散模型（Diffusion Model）等深度学习的生成算法相继涌现。2017 年，微软人工智能少女“小冰”推出了世界首部 100% 由人工智能创作的诗集《阳光失了玻璃窗》。2018 年，英伟达发布的 StyleGAN 模型可以自动生成图片，其使用的第四代模型 StyleGAN-XL 生成的高分辨率图片，依靠人眼已经难以分辨真假。2019 年，DeepMind 发布了 DVD-GAN 模型用以生成连续视频，对草地、广场等明确场景的表现十分突出。

4. 技术爆发期（21 世纪 20 年代至今）

各类 AIGC 产品随着算法技术的应用逐步成熟，进入百花齐放的新时期，多款效果令人惊艳的产品诞生，并引发广泛关注。2021 年，OpenAI 推出了 DALL · E，并于一年后推出了其升级版本 DALL · E 2，主要应用于文本与图像的交互生成，用户只需输入简短的描述性文字，DALL · E 2 即可创作出相应极高质量的卡通、写实、抽象等风格的绘画作品。2022 年 8 月，Stability AI 发布 Stable Diffusion 模型，为后续 AI 绘图模型的发展奠定基础。AI 绘画工具 Midjourney 于 2022 年 3 月首次亮相，同年 8 月迭代至 V3 版本，并开始引发广泛关注。由 Midjourney 绘制的《太空歌剧院》在美国科罗拉多州艺术博览会上获得“数字艺术”类别的冠军。2022 年 11 月，OpenAI 推出基于 GPT-3.5 与

RLHF（人类反馈强化学习）机制的 ChatGPT，推出仅两个月，日活跃量已达 1300 万。2023 年 2 月 7 日，谷歌正式发布 AI 对话系统 Bard。2023 年 2 月 7 日，百度宣布将发布大模型“文心一言”。世界范围内多款 AIGC 产品纷纷上市。

国内外生成式绘画工具

在了解 AIGC 的发展历程后，本章将简单介绍几个国内外出色的生成式绘画工具，帮助大家快速了解这些工具的特性，在创作中选择适合自己的工具，顺利开启 AIGC 绘画之旅。

1. 国外典型生成式绘画工具

- Midjourney

Midjourney 是一个由同名研究实验室开发的人工智能程序，可根据文本生成图像，如下页图所示。它于 2022 年 7 月 12 日进入公开测试阶段，用户可透过 Discord 平台的机器人指令进行操作。Midjourney 使用逻辑简单，技术要求相对较低，对刚入门 AI 绘画的新手友好。用户只需要在 Discord 平台中发送命令或图片及命令，即可生成具有艺术性和高级感的图片，可选风格多样。但图片调整空间有限，暂不可配合外部插件使用，可操作性弱于 Stable Diffusion。

- Stable Diffusion

Stable Diffusion 是一款深度学习文本生成图像的模型，于 2022 年发布。它是一种潜在变量模型的扩散模型，基于由慕尼黑大学的 CompVis 研究团体开发的生成性人工神经网络研发。初创公司 Stability AI、CompVis 与 Runway 共同推动了它的诞生。Stable Diffusion 的代码和模型权重已公开发布，可以在大多数配备有适度 GPU 的电脑硬件上进行本地部署。它主要用于根据文本的描述产生详细图像，也可以应用于其他任务，如图生图、内补绘制、外补绘制，以及基于图片内容反推生成提示词等，并且插件等外部拓展丰富，可操作性较强。

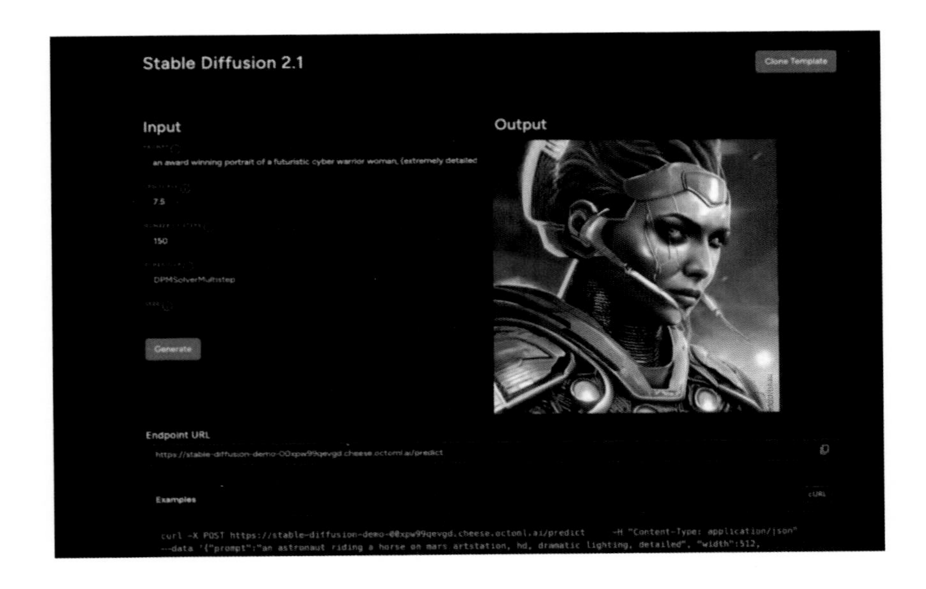

- DALL · E3

DALL · E3 是一个可以通过文本描述生成图像的人工智能程序，于 2022 年由 OpenAI 发布。DALL · E3 可以配合 GPT 大语言模型运行，生成相应的图片，并可使用自然语言对话的形式对生成的画面进行调整。

- Imagen

Imagen 是谷歌推出的一款文本到图像的生成式模型。该模型可以根据给定的提示词，生成高度契合文本含义且具有照片般真实感的图像。2023 年 10 月，谷歌宣布产品更新，用户如今只需要在搜索框中输入提示词，就能直接开始生成图像。同时，生成功能还被置入谷歌图片探索功能之内，如果在谷歌搜图中没有找到心仪的图片，通过单击搜索框下方的“Greate something new(生成新作品)”按钮，即可生成一张新的图片以满足用户的寻图需求。

2. 国内典型生成式绘画工具

- 文心一格

文心一格是基于百度文心大模型的 AI 艺术创作辅助平台，于 2022 年 8 月 19 日发布。用户只需简单地输入一句话，并选择方向、风格、尺寸，文心一格就可以生成相应的画作。文心一格还能推荐更合适的风格效果，能自动生成多种风格的画作供用户参考。

- 即时设计

即时设计推出的 AIGC 作画插件，能让没有任何美术或设计功底的用户轻松创作图片。用户只要在即时设计中打开“即时 AI”，描述自己想要的画面，再构建基础图形、控制颜色、调整布局，平台就能根据用户给出的信息，快速生成相应的图片。

- 神采 PromeAI

神采 PromeAI 的主要功能是草图渲染，可通过上传一张线稿图来生成建筑或室内设计的效果图，草图渲染有五大场景可选择，不需要任何关键词和复杂的参数即可实现创作。用户不需要学习使用就能上手操作，出图速度快。除了线稿转效果图，还有图片转线稿功能。

生成式绘画的底层技术逻辑

生成式绘画工具能形成的图片风格和艺术效果广受赞叹。它是如何绘制作品的呢？为何生成式绘画工具生成的图片有时令人惊艳，有时却又不尽如人意？

为了更好地把控生成的画面，在使用生成式绘画工具之前，我们需要对生成式绘画的底层技术有一些基本了解。

因为部分生成式绘画工具，如 Midjourney 尚未开源，外界很难获取其具体架构。但行业中生成式绘画工具的底层技术基本一致，接下来，本章就以已经开源的生成式绘画工具 Stable Diffusion 为例，简单讲解一下生成式绘画工具的实现逻辑。 Stable Diffusion 是一个由多个组件和模型组成的系统，它是在 CLIP 模型的基础之上，将扩散模型等其他模型组件融合而来的。下图是以 Stable Diffusion 为例，描述了其整个工作流程的底层技术逻辑。

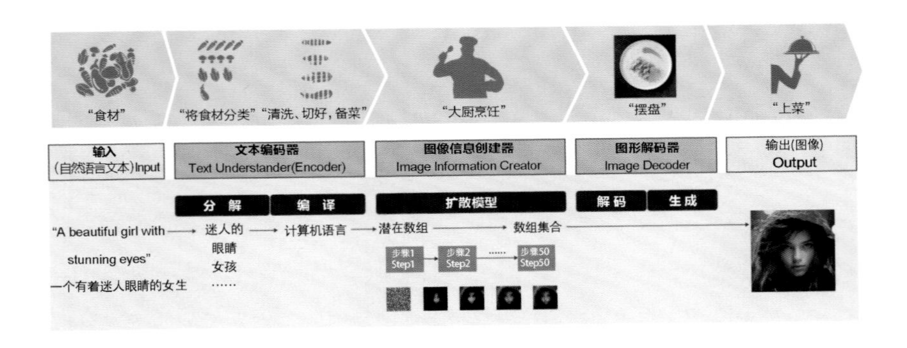

我们可以用一个具象的比喻帮助大家理解。Stable Diffusion 就像一个预先受过专业训练、经验丰富的“大厨”，它以用户输入的自然语言形式的提示词为“食材”，用其内置的文本编码器（Text Understander）进行“备菜”，通过图形信息创建器（Image Information Creator）进行“烹饪”，再借助图形解码器（Image Decoder）进行“摆盘”，最终，大厨得以呈现一桌“美味佳肴”。这个比喻很好地概括了生成式绘图模型利用文本生成图片的总体过程。

这里需要着重解释的是 Stable Diffusion 这类模型的“秘诀”，也就是扩散模型（Diffusion Models），它是“大厨烹饪”得以实现的底层技术，它揭示了机器模型的作图原理。扩散模型是一种基于 Transformer 技术的概率模型，它的训练逻辑就是通过连续向原数据添加高斯噪声（加噪）来破坏训练数据，然后通过回溯这个加噪过程（去噪）来恢复原数据，并在这个过程中学习。

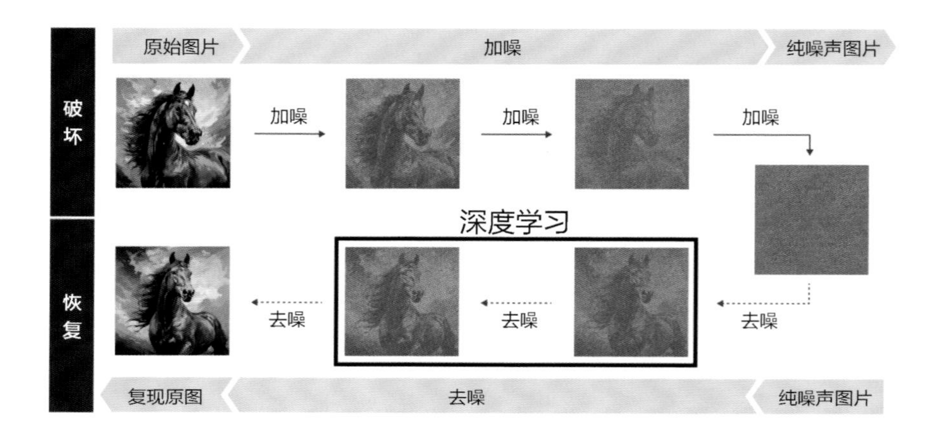

扩散模型总体包括两个过程，其一是加噪过程：采样一段数据（例如图像），并随着时间的推移逐渐增加噪声，直到数据无法被识别，并求出最大似然估计；其二是逆向的去噪过程：尝试将原始图像进行形式复现，在此过程中模型会通过神经网络学习如何生成图片或其他数据。通过基于扩散模型的深度学习链路，计算机能够实现对图片内容的识别与“理解”。

Stable Diffusion 这类模型，在向公众发布之前利用海量数据进行了预训练，这意味着模型已经储备了大量图片的特征知识。在用户输入一段提示词之后，提示词会被文本编译器转译为计算机语言。这时，Stable Diffusion 模型会直接调用数据库中的预训练数据，以转译后的提示词内容为蓝本，从一个浑然的噪声区域开始，逐步减噪、调整，最终形成画作。生成式绘画模型这位“大厨”的“烹饪”过程，即是一个扩散的过程。

AIGC 行业发展展望

AIGC 具备真实、多样、可控、可组合的特点，能够有效提升企业内容生产的效率，为其提供更加丰富多元、可交互的内容。数字化程度高、内容需求丰富的行业，如营销、零售、娱乐等领域，依托 AIGC 技术，有望率先实现跨越式的创新发展。

在营销领域，AIGC 技术可以极大地拓展营销创意人员的创作边界，辅助创意人员高效完成海量信息的收集、聚合、归纳，通过分析大量创意作品和设计趋势，生成创新的设计概念和建议，为营销创意人员提供灵感和方向。并且，AIGC 产品可以通过理解企业和品牌的风格和需求，自动生成符合要求的视觉传达作品，做到根据反馈信息快速调整作品样式，助力品牌各类视觉物料的产出。同时，通过 AIGC 技术多元可变和高效产出的特性，传统的单向的广告输出可能会演变成一种生动鲜活、双向互动的交互场景，广告能够根据用户反馈实时更新展示内容，这将为互动营销、个性化营销带来全新可能。

在零售领域，AIGC 技术可以帮助企业加速商品、卖场 3D 化构建，生成商品的 3D 模型和纹理质感，使消费者能在网购中最大限度地体验实物，提升转化率。而基于视觉、语音、文本的生成式技术，品牌商能够以低成本创建品牌虚拟 IP 形象，虚拟形象的可控性与安全性比真人代言更高，并且能够拉近与消费者的距离，为品牌塑造独特的价值和故事，提供传播价值。可以预见，AIGC 技术正在加速多感官交互的沉浸式购物时代的到来。

在娱乐领域，通过 AIGC 技术为用户提供多元的图像生成体验，比如 AI

换脸、AI 风格化滤镜，能极大地满足用户的猎奇心理，激发用户参与、分享的热情。通过 AIGC 技术，用户可以拥有更大的创作自主权，可以定义和设计自己的线上形象和角色，在多领域体验活动和参与活动共创。未来，AIGC 技术将进一步推进虚拟技术与人们的生产生活相融合，并将带动虚拟商品经济的发展。

除以上行业之外，教育、金融、医疗、工业等各行各业的 AIGC 应用也都在快速发展。教育领域中，AIGC 赋予教育工作者更加丰富的表达手段，他们可以用更加生动、更加直观的方式向学生传递知识。各类虚拟教师可能会出现在公众的视野之中，数字教学可以更快地普及开来。医疗领域中，AIGC 可以提高医学图像质量，识别基础图像信息，为医生的诊断提供支持，从而解放医生的时间和精力，让他们更专注于治疗工作本身。虚拟康复师等职位也可能应运而生。工业领域中，将 AIGC 融入计算机软件进行辅助设计，能够提升自动化水平，减少重复、耗时和低层次的任务。AIGC 支持生成式设计，能为工程师和设计师提供灵感，同时可以将丰富的变化引入设计，实现各种状态的动态模拟，从而有效提升生产效率。

再谈谈个体职业层面。随着 AIGC 技术能力的不断迭代升级，AIGC 工具正在快速降低内容的创作门槛、释放个体的创作能力，这将引发内容创作范式的深刻变革。虽然以 ChatGPT、Midjourney 为代表的生成式技术逐渐成熟，创作一幅视觉作品的难度大幅降低，然而精准地凭借 AIGC 技术生成高水平的作品，却并非易事。由此也衍生出了一个“专门向 AI 提问”的职业——提示词工程师（Prompt Engineer）。

新兴职业提示词工程师所需要做的，就是熟练地使用各种 AIGC 工具，将复杂的任务拆分成 AI 能识别的语言，精准提出各类需求，并不断凭借 AI 的反馈提升作品生成效果。有人已经在这一波技术浪潮之中分得了“一杯羹”。2022 年 11 月，美国硅谷的莱利 · 古德赛德（Riley Goodside）凭借自学 AIGC 工具摸索出的提示词技巧，入职人工智能独角兽企业 Scale AI，可能是业内“第一个被招聘的提示词工程师”，据估算，他的年薪可能超过人民币一百万元。

但对于提示词工程师这一职业，社会各界仍然存在各种争议。有观点认为提示词工程师是训练人工智能过程中临时出现的一个工种，将会在程序不断自我完善的过程中成为过去式。未来，使用 AIGC 工具，与 AI 更好地交流，会成为每个人必备的技能。

也有观点认为，提示词工程师这类岗位的出现，是技术精英化的必经之路。AIGC 工具的出现固然大大降低了图像创作、影视创作，甚至 3D 建模创作领域的门槛，毫无技术或艺术学习背景的人也能够高效地创作属于自己的作品。但持续创作高品质、高品位的作品对创作者的复合能力提出了更高的要求。这一观点在求职市场的用人需求中已有所体现。在当下这个时间节点，以及不远的未来，各类 AIGC 大模型还会持续演化，许多企业对提示词工程师的编程能力仍有较高的期待。许多企业认为，一个优秀的 AIGC 工具使用者不仅需要理解自然语言，也需要理解编程语言。

很多尝试过生成式绘图工具的创作者也会发现，生成一幅真正优质的作品，除了一点点运气之外，还需要大量知识的储备。比如，如果在绘图提示词中加入焦距、光圈等摄影领域的专业词汇，可能瞬间会得到一张摆脱了平庸质感的作品。这其实就要求创作者在输入提示词时，对摄影知识有一定的了解，才能帮助机器更好地生成自己期待的作品。

那么，下一个时代的创作者需要具备什么能力，才能在创意产能大爆炸的市场中赢得竞争力呢？

如今的 AIGC 工具都借助海量预训练数据进行了训练，AIGC 工具可输入提示词的丰富性远超创作者个体的想象。一个优秀的创作者不只需要了解一定摄影知识，对于光科学、材质种类、艺术手法、艺术流派、艺术题材，乃至当下的艺术流行趋势等各方面的知识都需要有一些基本的涉猎。这也侧面印证了这样一个趋势——在 AIGC 技术逐步普及的时代背景下，“技术大牛”与“业务专家”之间的边界会逐渐模糊。技术水平、业务能力、学术背景、研究能力，甚至个人品位等诸多因素已经形成了水桶效应，并将直接影响 AIGC 作品的效果。这些也决定了 AIGC 人才必然是跨界的、复合型的高级人才。

同时，我们也要看到，虽然 AIGC 工具极大地降低了艺术创作门槛，但多数 AIGC 作品仅仅能够反映视觉艺术的平均水平。正因为作品产出效率大大提升，没有成熟的生成策略和对艺术作品的美学定义能力支撑，生成的作品趋于同质化、品质流于庸俗的情况将难以避免。

在视觉产出的创作时间与人工成本趋近于零的时代到来之际，可以预见，美学定义能力将会成为未来个人创作者的核心竞争力。

美学定义是指设计师对画面美学的定义能力。美学定义包括以下三大要素的定义。

- 审美要素定义：如对造型、色彩、光与材质的定义。
- 风格要素定义：如对艺术流派和流行趋势的定义。
- 应用方向要素定义：如约定作品应用于插画、游戏等哪个领域。

本书将会详细介绍美学定义所涉及的三大要素的具体内涵，提出视觉细分可能性，以具体的生成式图片作品为案例，详细解释每张例图的美学定义思路，并提供对应的提示词供读者参考，为读者生成图片时的实际操作提供指引。

本书将用美学定义的视角，向读者讲解美学定义知识，拓宽创作思路。这种综合性的优质信息将大大提升读者对审美表现丰富度的认知，避免创作时陷入同质化陷阱。同时，本书能够为培养高水准的美学定义人才提供方向，为产出审美优秀、内容精致的生成式艺术作品提供启发。

设计正从创意时代进入定义时代。AIGC 技术能有效提升团队沟通效率，帮助理清需求、明确设计方向，并极大地拓展方案的可能性，同时助益视觉方案产出效率的提升。而拥有优秀美学定义能力的设计师、营销人员和艺术创作者，必定能够在 AIGC 技术加持下，在未来的工作中大放异彩。

Chapter 02

第二章

Light

光

光是塑造画面氛围的重要元素，因此我们着重对“光”进行分析，希望帮助创作者在使用AIGC时更好地控制画面效果。

光主要分为“自然光”与“人工光”。“自然光”的强度、颜色和方向随着天气、季节和时间的变化而变化。“人工光”的强度、角度、颜色等可以控制，其稳定性和灵活性强。

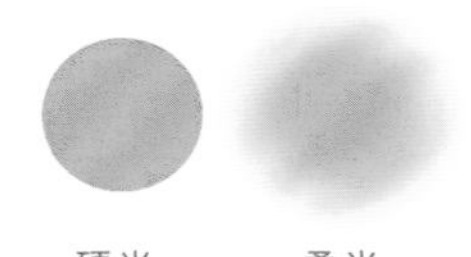

光的质感可以分为“柔光”与“硬光”。“柔光”也就是散射光，没有明确的方向，不会在被照物上留下明显的阴影。柔光下的画面反差较小，明暗过渡比较柔和，层次变化细腻，色调丰富，能给人带来温暖、亲切、舒适、浪漫的感觉。“硬光”也就是直射光，在强烈的直射光照下，人或物体的受光面和阴影部分光比大，亮部清晰，阴影浓重，画面反差感和立体感强烈，给人硬朗、粗糙、鲜明、震撼、有力的感受。

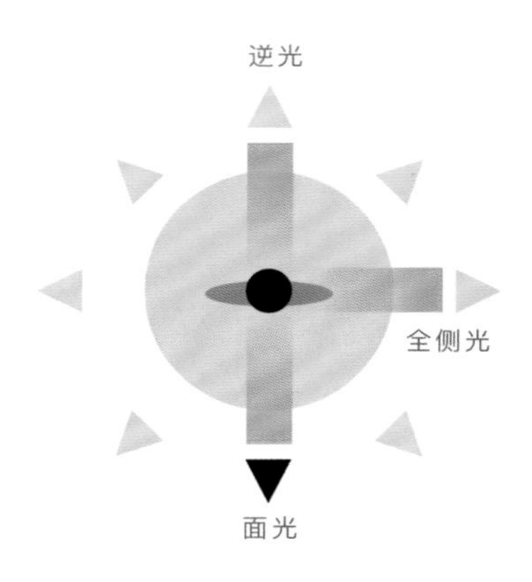

根据光的照射方向，我们可以大致将光分为“面光”“全侧光”“逆光”“顶光”“底光”。“面光”均匀地照亮被摄体的正面，能降低画面的对比度，产生较小的明暗变化，能够使被摄体看起来平面化，带来均匀、扁平、安全、传统、自然的感受；“全侧光”从侧面照射被摄体，

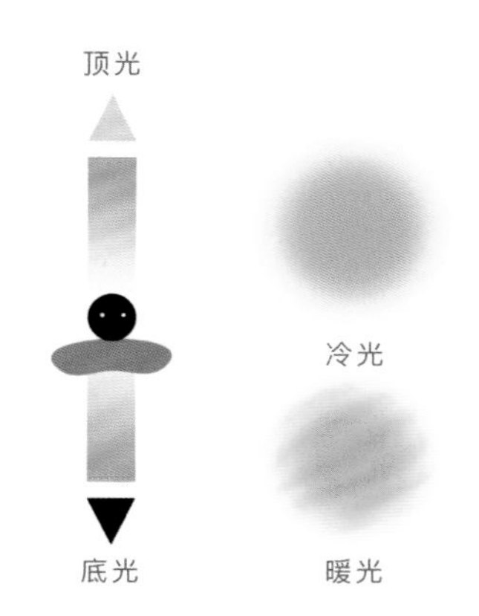

能以强烈的明暗对比强化被摄体的立体感，清晰勾勒出被摄体的形状和表面特征，给人强烈、鲜明、有力、震撼、压抑的感受；“逆光”从背后照亮被摄体的边缘，产生明亮的轮廓，强化被摄体与背景之间的对比，制造出视觉层次感，给人神秘、梦幻、温暖、迷人、魅力十足的感受；“顶光”从被摄体的上方向下照射，使被摄体的下方产生阴影，营造出明暗对比和立体感，给人神秘、严肃、威严、独特、庄重的感受；“底光”从下往上照射，使被摄体的底部或者脸部阴影较深，营造出一种不稳定、扭曲之感，强化不安和紧张的氛围，给人强烈的视觉冲击，增强戏剧性和张力，从而传递出迷人、神秘、惊悚、幽静、紧张的感觉。

光的色调可以分为“冷光”与“暖光”。“冷光”往往偏绿、偏蓝，会给画面带来清冷、疏远、冷漠的氛围感；“暖光”往往偏红、偏黄，会给画面带来亲切、温暖、柔和的氛围感。

光源：自然光

风格定义

为了表现舒适的自然光感，我们加入了提示词“Kodak film（柯达胶片）”“1980s（20 世纪 80 年代）”后，画面瞬间更具年代感，也更有人间烟火气了。提示词“105mm f/1.8”是相机参数，它决定了照片的曝光程度和景深，这个参数可以让主体清晰而背景模糊。

图片效果

这是一张纪实摄影风格的图片，纪实摄影的魅力在于它能够通过镜头真实、准确地反映人们的生活，唤起观众的共鸣和思考。夕阳西下，独自回家的小孩，熟悉的乡间小道，框于一景，温馨且具有淡淡乡愁。

提示词

Golden hour, Kodak film, an oriental boy walking on the stone road with his school bag, 1980s, Chinese rural environment, Kodak Portra 800, 105 mm f1.8

中文翻译

金色时光，柯达胶片，背着书包走在石板路上的东方男孩，20 世纪 80 年代，中国农村环境，柯达 Portra 800，105mm f/1.8

光源：人工光

风格定义

人工光照明设备可以调整光线的强度、角度、颜色等，营造空间动态感和科技感，因此我们选择了提示词“laser effects（激光特效）”“cinematic lighting（电影照明）”等进行人工光的绘制。

加入提示词“UHD”（超高清）可以让画面更高清。

图片效果

CG（computer graphics，计算机绘图）风格的作品，通过细致的光线刻画机械工厂的场景，呈现出各类塑料、玻璃、皮革的质感，提升画面的丰富性。背景虚化，使得画面主体更聚焦。

提示词

Mechanical maiden, artificial intelligence, laser effects, goggles, sunglasses, Unreal Engine, cinematic lighting, Sony FE, atmospheric perspective, UHD, super detail

中文翻译

机械少女，人工智能，激光特效，护目镜，太阳镜，虚幻引擎，电影照明，索尼 FE，大气透视，超高清，超级细节

质感：柔光

风格定义

“纳比派（les nabis）”是以室内场景为主要描绘对象的法国艺术社团，强调创造诗意的现实，追求平面化的装饰效果和象征意义的表达。通过“les nabis”这个提示词，再加上一个“diffuse light（漫射光）”，想不得到一张极富韵味的图片都难。

图片效果

这可以说是一幅直接来自“美学方法”的作品，通过强烈的冷暖对比、色彩冲撞，同时严格控制色彩占比，传递出一个世界下的两种心境。

提示词

A woman reading a book in a grey hallway, in the style of color reversal film, diffuse light, les nabis, solarized master film, light yellow and cyan, vignettes of Paris, movie still, grainy

中文翻译

一位女士在灰色的走廊里看书，采用彩色反转片的风格，漫射光，纳比派，日光母版胶片，浅黄色和青色，巴黎小片段，电影剧照，颗粒状

质感：硬光

风格定义

在商业摄影中，硬光可使产品更有立体感，在画面中更加鲜明、突出，因此产品广告我们常用硬光。

图片效果

这幅商业摄影风格的作品背景自然，产品所占比例虽小，却让人感到充满生命力，这得益于直射光对主体物的突出，突出但不突兀，主体与背景融于一体，让观众自动联想出产品的特性关键词，如：安全、修护、有效等。

提示词

Essential oil, hard light, commercial photography, product poster, f/4.0, cinematic lighting, Sony FE, atmospheric perspective, UHD, super detail , 8K

中文翻译

精油，硬光，商业摄影，产品海报，f/4.0，电影照明，索尼 FE，大气透视，超高清，超级细节，8K

光位：面光

风格定义

正面光是视觉效果最平面化的打光方式之一，阴影对比度、明暗变化都被弱化后，被摄物（人物）细节会更加清晰。而通过“headlight（前照灯）”“Minolta Hi-Matic 7sll（美能达 Hi-Matic 7sll 相机）”这些提示词可以使生成的画面体现出特有的年代感。

“Minolta Hi-Matic 7sll”是发布于 1977 年的一款便携相机，这一时期的人们欣赏愉快与放松的生活状态，倾向于捕捉生活中的片段。

图片效果

同样是纪实摄影风格，使用面光来突出人物表情，更能生动地刻画出人物的特点，人物的情绪表达也更到位，慈祥之感扑面而来。

提示词

Headlight, photo of a Korean woman eating watermelons, in the style of Minolta Hi-Matic 7sll, grandparentcore, candid portraits

中文翻译

前照灯，韩国妇女吃西瓜的照片，美能达 Hi-Matic 7sll 相机风格，祖父母核，坦诚的肖像（注：“core”作为后缀的词语，代表一种网络流行的“核类美学”，是受互联网共享艺术强烈影响而诞生的，其代表如梦核（Dreamcore）、池核（Poolcore）、天使核（Angelcore）等。每种“核类美学”都代表一类艺术风格。）

光位：全侧光

风格定义

全侧光能使被摄物主体更具层次感，强烈的明暗对比形成紧张的气氛，适合应用在冲击感、压抑感强的场景中。

图片效果

通过全侧光，人物的杀意被精准传递。而雨天这个场景更增强了紧张感和压迫感。

提示词

Stunning ancient Chinese themed ink style, a martial arts character meets a killer, rainy day, bamboo forest, very detailed, dynamic and expressive, clean lines, cinematic, realistic lighting effects, vivid, sidelights, vibrant 8K, Ov Rendering, Unreal Engine, very detailed concept art, realistic

中文翻译

令人惊叹的中国古代主题水墨风格，武侠人物邂逅杀手，雨天，竹林，非常细腻，充满活力和表现力，线条简洁，电影感十足，逼真的光影效果，生动，侧光灯，鲜艳 8K，Ov 渲染，虚幻引擎，非常细腻的概念艺术，逼真

光位：逆光

风格定义

想让主体拥有明亮的轮廓，逆光是不二之选。如果想使主体有闪耀的感觉，也优先考虑逆光。

图片效果

这张人物摄影风格的作品，通过逆光的效果来渲染甜蜜愉快的氛围，逆光给人物轮廓打上柔和的光晕，使得画面更具温情。

提示词

Two people eating ice cream on the outskirt of Xinhua, in the style of high speed film, light white and light orange, domestic intimacy, cinematic lighting, character portrait, Sony FE GM, UHD, super detail

中文翻译

两个人在新化郊外吃冰淇淋，高速电影风格，浅白色和浅橙色，家庭亲密关系，电影照明，人物图，索尼 FE GM，超高清，超级细节（注：新化隶属湖南省娄底市。）

光位：顶光

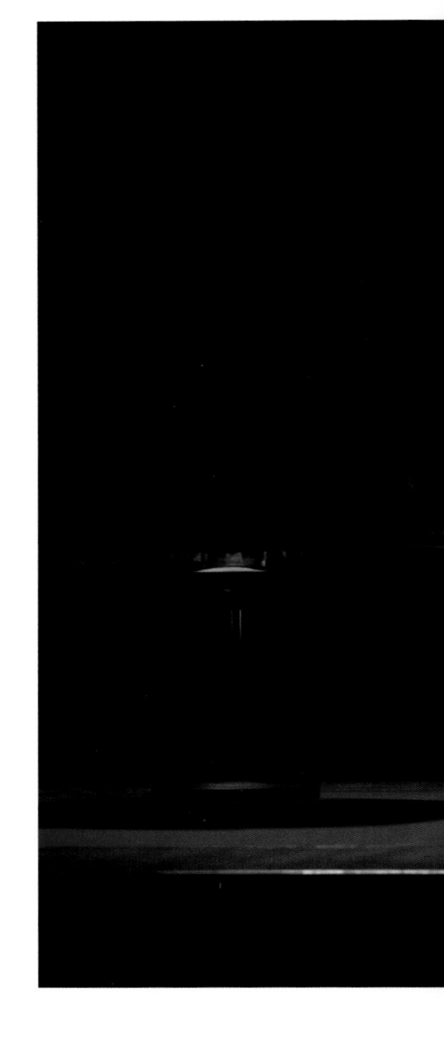

风格定义

顶光是来自被摄物上方的光线。在电影与人物摄影中，常常用来塑造反面人物形象，也常应用在人物或物体需要被聚焦的场景，如演唱会和演讲中。

图片效果

此处使用顶光，聚焦人物，增强了主体人物的严肃感与压迫感。

提示词

A man in a suit is sitting in the front of a dark room, top light, old-timey, negotiating table, 1980s, shot on Kodak, movie color, lense, close-up, red

中文翻译

一个西装革履的男人坐在一间黑暗的房间前部，顶光，老式的，谈判桌，20 世纪 80 年代，柯达，电影彩色，镜头，特写镜头，红色

光位：底光

风格定义

底光的效果一般会给人恐怖、阴森的感觉，如果觉得依然不够惊悚，那就增加提示词“in the style of demonic photograph（恶魔照片的风格）”。

提示词“cabincore（木屋核）”，可使生成的画面更具备人烟稀少的环境特征，渲染未明物体、突发事件即将来临的氛围。

图片效果

底光的使用能够准确表现出人物的紧张感，以及画面整体的恐怖效果。

提示词

Two tiny girls in red dresses holding candles, in the style of demonic photograph, emotive lighting, criterion collection, shiny eyes, cabincore, news photography, 8K

中文翻译

两个穿着红裙子的小女孩拿着蜡烛，恶魔照片的风格，情感照明，标准收藏，闪亮的眼睛，木屋核，新闻照片，8K

光色：暖光

风格定义

光能影响人的情绪，不同的光可以带来不一样的情绪，暖色光适合用在住宅等让人感到温馨舒适的空间。我们可以使用暖色提示词来生成具有暖光的画面，如“orange”“beige”“yellow”“red”等。

图片效果

这张静物摄影作品在暖色光的加持下，尽显柔和安宁。一点绿很好地将暖调画面往回拉，使得画面更具沁透感，平衡了画面效果。

提示词

A book opened and some flowers in the transparent vase, in the style of light orange and light beige, wavy resin sheets, lively interiors, light yellow and red, natural simplicity, serene feeling

中文翻译

一本书被打开，白色花瓶中插着一些花，浅橙色和浅米色的风格，波浪纹树脂桌布，活泼的室内装饰，浅黄色和红色，自然简约，宁静的感觉

光色：冷光

风格定义

冷色光会给人冰冷清爽的感觉，适合用来生成冰川、矿场等场景的图像。

图片效果

蓝色调的画面，水面清透而洁净。

提示词

Glacier, cold light source, clear water with ice, Unreal Engine, cinematic lighting, wide shot, UHD, super detail

中文翻译

冰川，冷光源，清澈的冰水，虚拟引擎，电影照明，远景镜头，超高清，超级细节

Chapter
03

第三章

Material Quality
材质

通过对流行趋势的研究，我们发现，人们对材质有特定的喜好。对于这些材质，我们搜集了大量信息，并进行了归纳和总结，将材料质感分为 8 个方向。

热烈

亲切

平静

这 8 个方向分别是活泼的“欢趣色彩”；华丽的“迷幻光影”“鎏金光芒”；具有科技感或神秘感的“末世箔银”“坚硬岩铁”“梦幻薄纱”；具有自然气息的“轻软棉绒”“原始朴真”。

轻软棉绒

风格定义

该风格多采用纯棉、羊毛、牛奶绒、马海毛及纱线等柔软亲肤的材质，给人舒适温暖、轻松柔软的感觉。加入提示词“Chen Zhen（陈箴）”，可以增强画面的舒适感。

陈箴（1955—2000）是中国最早的装置艺术家之一，善于用日常物品创作出非凡的装置作品。

图片效果

轻软蓬松的棉花在空中飘飞，让人感觉自在舒适。

提示词

The image shows a woman surrounded by cotton, in the style of soft sculptures, Chen Zhen, nature-inspired, pop culture infused

中文翻译

图片呈现了一位女性置于棉花中，软雕塑风格，陈箴，自然灵感，注入流行文化

原始朴真

风格定义

该风格的材质通常包含棉麻、香云纱、莨绸、涤棉等，可以搭配龟裂纹等立体肌理，能给人舒适原始的感觉。

通过提示词“ linen（亚麻布）”“earthy color palette（大地色系）”和“natural crude ore（天然原矿）”等营造出自然真实的感觉。

图片效果

柔软且带有褶皱的布料层层堆叠，加上柔和的色调，更显舒适。

提示词

Grey linen twills, ivy linen, the artisan shop, rustic linen, shabby chic linen, white and brown, earthy color palette, striped, creased crinkled wrinkled, rustic still life

中文翻译

灰色亚麻斜纹布，常春藤亚麻布，工匠商店，乡村风亚麻，破旧但别致的亚麻布，白色和棕色，大地色系，条纹，起皱的，宁静的乡村生活

原始朴真

图片效果

主体物材质坚硬，创作时却使用柔光，中和了材质本身的坚硬感。喝茶本是一件有温度的事情，柔光的使用为画面增添了温情，更有利于产品的表达。

提示词

The tea pot is sitting on a tea serving tray, in the style of organic sculpting, texture, natural crude ore

中文翻译

茶壶在盛茶的托盘上，采用有机雕刻，纹理，天然原矿

坚硬岩铁

风格定义

该风格的材质通常包含水洗牛皮纸、树脂、金属布等，添加硬质涂层或混合铁屑等，可实现各种不同的硬挺感。加入提示词“volcanic（火山）”“dark silver（暗银色）”“liquid metal（液态金属）”等，能增添更多创意元素，扩大作品的想象空间。

厄休拉·冯·莱丁斯瓦德（Ursula von Rydingsvard）是一位杰出的女雕塑家，她主要使用雪松等木材创作大型作品。添加提示词“Ursula von Rydingsvard”可以让画面上的衣服更有雕塑感。

图片效果

银色金属、雕塑等元素的加持，给人以坚硬之感。

提示词

Surrounded by volcanic rocks, wearing a distinctive gray jacket, appearing on the rocks, in the style of Ursula von Rydingsvard, with iridescent/fluorescent colors, densely textured or tactile, close-up shots, liquid metal, dark silver, panoramic views, wide-angle shots, and distant vistas

中文翻译

周围是火山岩，身着独特的灰色夹克，出现在岩石上，厄休拉 · 冯 · 莱丁斯瓦德风格，虹彩 / 荧光，表面纹理密集或有触感，特写镜头，液态金属，暗银色，全景，广角镜头，远景

梦幻薄纱

风格定义

该风格的材质通常包含欧根纱、水光纱、双层纱、镂空网纱及特殊透明纱等，具有清透、微弱的光泽感。

提示词“the stars art group (xing xing)”其实是一个虚构的艺术团体的名字（“xing xing”可以替换成任意一个词），加入这个提示词，可以生成一个艺术家团体的画面。再将以下两位艺术家的姓名作为提示词输入，能进一步加强梦幻薄纱的视觉效果。

萨曼莎 · 基利 · 史密斯（Samantha Keely Smith）出生于 1972 年，是一位来自英格兰的女性艺术家，她的作品多以强烈的色彩对比来展现翻腾的海浪。

托马斯 · 萨拉切诺 (Tomás Saraceno) 出生于 1973 年，是一位来自阿根廷的雕塑和装置艺术家，也是一位能在艺术作品中善用高科技的艺术家。

图片效果

轻薄的纱幔堆叠，让原本无形的风有了流动的具象，更显灵动，给人轻快、梦幻、轻奢的感觉。

提示词

Gorgeous colored veils, colored textures on satin, long shot, full-body view, delicate facial details, eyes were full of unspeakable longing and sadness, dynamic posture, oriental minimalism, environmental awareness, soft and rounded forms

中文翻译

华丽的彩色面纱，绸缎上的彩色纹理，长镜头，全身视角，精致的面部细节，眼神中充满了难以言喻的渴望和悲伤，动态的姿态，东方极简主义，环境意识，柔和圆润的形式

梦幻薄纱

提示词

People covered with colored gauze with different decorations, in the style of Samantha Keely Smith, dream-like atmosphere, translucent water, flowing fabrics, whimsical animation, Tomás Saraceno, the stars art group (xing xing)

图片效果

漫天纱幔飘飞，柔光从纱幔的针织孔隙透过，创造出了梦幻又神圣的场面。

中文翻译

人们身上覆盖着带有不同装饰的彩纱，萨曼莎 · 基利 · 史密斯的风格，梦幻般的氛围，半透明的水，流动的织物，异想天开的动画，托马斯 · 萨拉切诺，星星艺术团

鎏金光芒

风格定义

该风格的材质通常包含绸缎、复合编织面料、网纱等材质，采用金色、香槟色，搭配亮片等能形成一定反光的辅料。这里加入提示词“in the style of baroque religious scenes（巴洛克式宗教场景风格）”“golden light（金色的灯光）”“handcrafted beauty（手工美感）”等，能在画面中营造一种高贵而奢华的氛围。

图片效果

柔和的暖光打在主体人物上，金色的服饰加强了光反射，金色的发丝也闪闪发光。

提示词

In the style of baroque religious scenes, golden light, handcrafted beauty, sun-kissed palettes, porcelain, UHD, super detail, best quality, textured skin

中文翻译

巴洛克式宗教场景风格，金色的灯光，手工美感，阳光亲吻过般的色调，瓷器，超高清，超级细节，最佳品质，质感皮肤

迷幻光影

风格定义

该风格的材质通常包含有透明胶感或仿皮革感的 TPU、PU（聚氨酯）等，搭配镭射、渐变效果或不规则的纹理，给人迷幻、炫彩的感觉。通过提示词“glitter powder（闪粉）”“translucent water（半透明的水）”可以给画面带来一种奇幻效果。

佩特拉 · 科特赖特 (Petra Cortright）是一位跨学科艺术家，擅长使用数码软件叠加融合具象及抽象的元素，而后转印于布料上，呈现出纷繁复杂的形态。

乔斯林 · 霍比（Jocelyn Bobbie）是美国艺术家，她创作的画中充满了人物、植物、花卉的图案，通过抽象的表现形式将它们融合，色彩艳丽浓郁。

玛尔塔 · 贝瓦夸（Marta Bevacqua）是意大利女摄影师，擅长拍摄带有浓烈情绪且故事性十足的人像作品。

图片效果

强大的 AI 工具能创作出有水下感觉的画面。画面整体清透，色彩绚丽，闪耀的材质和水柔和的质感交织，在迷幻之余，为作品增添了神秘感和浪漫氛围。

提示词

One of the models is painted with magic, in the style of Petra Cortright, close-up shots, Jocelyn Hobbie, subversive film, glitter powder, Marta Bevacqua, translucent water

中文翻译

其中一位模特身上用魔法作画，佩特拉 · 科特赖特风格，特写镜头，乔斯林 · 霍比，颠覆性电影，闪粉，玛尔塔 · 贝瓦夸，半透明的水

迷幻光影

图片效果

光滑的塑料质感搭配绚丽的色光，更能凸显服饰的迷幻质感。

提示词

A man in a rainbow plastic jacket walking on runway, in the style of refractive surfaces, silver and aquamarine, and raw metallicity, reimagined by industrial light and magic, sparkling water reflections

中文翻译

一位身着彩虹色塑料夹克的男子走在跑道上，折射面、银色和海蓝色、原始金属质感风格，通过工业光和魔法元素进行再创造，波光粼粼的水面倒影

欢趣色彩

风格定义

该风格的材质通常包含具有柔软触感的长毛绒、珊瑚绒、毛线、毛毡及胶感材质等。本节中的两幅作品分别加入了“in the style of Chinapunk（中国朋克风格）”和“psychedelic punk（迷幻朋克）”这两个提示词，这两种设计风格能呈现出两种截然不同的欢乐色彩。

“Spopa”是随意构想的品牌名称，读者可以根据需要自行替换这个名称，这样图片上的文字会根据你输入的内容进行调整，不过也有可能生成错误的作品。

图片效果

具有东方潮牌感的作品，高彩度的多巴胺粉色活力满满又时尚。

提示词

An ad for Spopa pop-up shop, in the style of Chinapunk, dark pink, ultra realistic, furry art, low-angle shots, made of rubber, pop colorism

中文翻译

Spopa 快闪店广告，中国朋克风格，深粉色，超逼真，毛茸艺术，低角度拍摄，橡胶制成，流行色彩主义

SPOPA
Sgppr .S128 Cop

欢趣色彩

图片效果

主体物采用缤纷的色彩和多样的造型，结合毛线材质，能给人有趣、快乐的感觉。

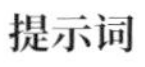

提示词

A sculpture made by colorful yarns in a museum, wandering eye, psychedelic punk, embroidery, oversized objects

中文翻译

博物馆中的彩纱雕塑，具有游离之眼，迷幻朋克，刺绣，超大物件

Chapter
04

第四章

Artistic Genres
艺术流派

近现代，人们主要受文艺复兴及之后流派的影响，艺术领域产生的思想与审美渗透到日常设计中，进而影响了生活的各个方面。

我们希望通过基于主要艺术流派的 AIGC 再创作，让大家用另一种方式了解各艺术流派的风格，为大家提供更多的创作灵感。

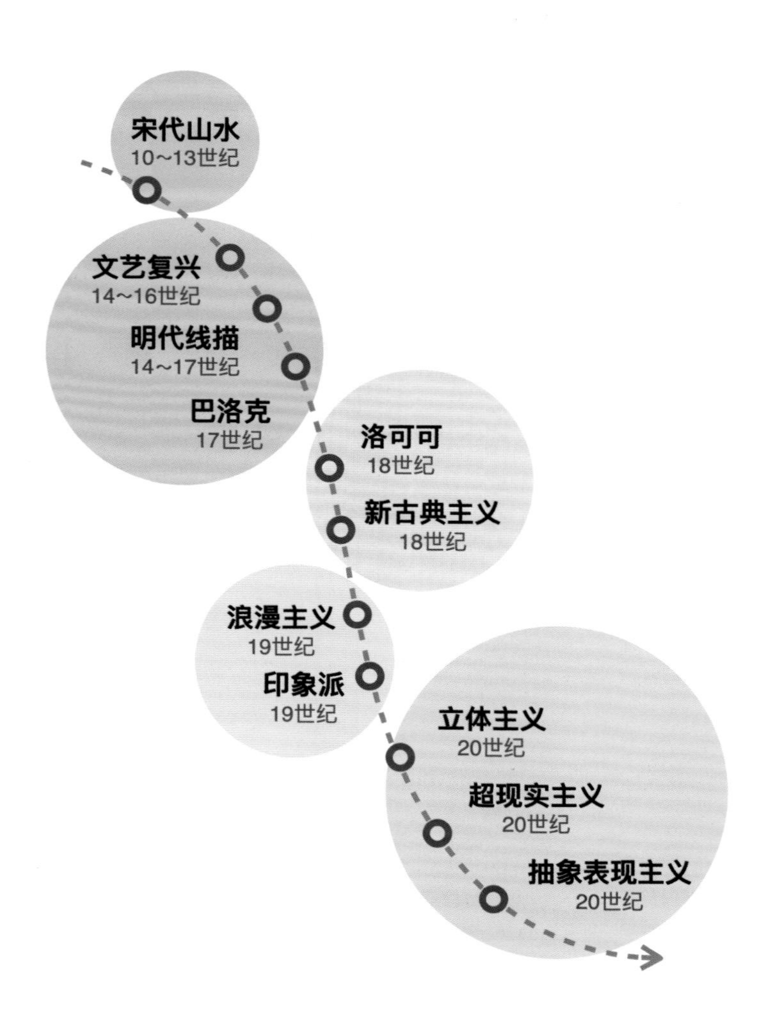

宋代山水

风格定义

宋代是中国传统山水画发展的高峰时期。要生成水墨风的山水画作品，使用提示词“mountains and streams in the Northern Song Dynasty（北宋的山川）”“960 to 1279（公元960年至1279年）”。如果觉得输入这些提示词依然无法生成水墨风十足的图像，可以增加“::2”以提高提示词的权重，水墨的韵味一准爆棚。加入“Fan Kuan（范宽）”可使风格更加明确。

图片效果

宋代山水画风格细腻、丰富、写实，拥有一份庄重恬静之美。

提示词

Ink painting ::2, 960 to 1279 AD, I traveled through the mountains and streams in the Northern Song Dynasty, Fan Kuan, ink, contrast

中文翻译

水墨画，公元 960 年至 1279 年，我游历北宋的山川，范宽，水墨，对比

明代线描

风格定义

这里我们加入提示词“1470（即年份）”和“Zhu Zhanji（朱瞻基）”，以聚焦明代画风。

图片效果

中国线描发展到明代，已经十分成熟，吸纳了各个朝代的技法，风格多样。这张图片中的人物形象质朴、神态清朗，景致简略，笔触遒劲。

提示词

Chinese painting, a person holding a scroll, clear lines, 1470, Zhu Zhanji, ink painting --ar 5:3

中文翻译

中国绘画，一人拿着卷轴，线条清晰，1470 年，朱瞻基，水墨画，宽高比 5:3

文艺复兴

风格定义

文艺复兴（Renaissance）指发生在欧洲 14 ～ 16 世纪的一场文化运动。文艺复兴时期的艺术歌颂人体的美，主张人体比例是世界上最和谐的比例，绘画摆脱了中世纪的呆板，透视更科学，色彩使用更出色。

加入提示词“Michelangelo Buonarroti（米开朗琪罗 · 博纳罗蒂）”“Renaissance style（文艺复兴风格）”，可以生成类似文艺复兴时期艺术作品的图像。当然，除了“Michelangelo Buonarroti”，还可以使用“Leonardo da Vinci（列奥纳多 · 达 · 芬奇）”“Raffaello Santi（拉斐尔 · 桑蒂）”等提示词，喜欢谁的风格就输入谁，在 AIGC 的世界里自在遨游。

图片效果

画面细腻，明暗对比强烈，具有文艺复兴时期唯美的画风。

提示词

Michelangelo Buonarroti, a girl sitting on a pile of cloth, Renaissance style

中文翻译

米开朗琪罗 • 博纳罗蒂，坐在布堆上的女孩，文艺复兴风格

巴洛克

风格定义

巴洛克（Baroque）是对欧洲 17 世纪时流行的艺术风格的总称。巴洛克风格的作品大量使用金色，在边框或内容中留白，但会在能放入装饰的地方尽量放入方形、圆形、三角形等几何图形构成的规则装饰，充满严肃感和对称感。巴洛克传承自文艺复兴风格，更加强调运动感和豪华性，反对简单的对称排列。我们输入提示词“Baroque”“pearls（珍珠）”，生成了一幅符合这一风格的工艺品的图片。

图片效果

作品使用大量的几何图形和复杂的曲线装饰，华丽、宏伟，富有戏剧性。

提示词

Oddly shaped pearls, lavish architecture, sacred Baroque

中文翻译

奇形怪状的珍珠，奢华的建筑，充满神圣感的巴洛克

洛可可

风格定义

洛可可（Rococo）风格起源于18世纪的法国，具有粉嫩、柔软的特点，它结合了不对称性、曲线、雕刻的手法，能赋予静态的物品一种动感。不少人称其为巴洛克艺术的终极形式。洛可可风格比巴洛克风格更多地使用留白，把一切能用的颜色粉白化，把一切尖角柔和化，把直线条曲线化。这里加入了提示词“Francois Boucher（弗朗索瓦·布歇）”“Rococo（洛可可）”“flowing fabrics（流动的织物）”和“angelcore（天使核）”，以此在图中更好地表现出洛可可的风格。

Francois Boucher：弗朗索瓦·布歇是一名法国画家，洛可可风格的代表画家之一。

flowing fabrics：流动的织物，指那些质地轻盈、柔软，并且能够自然地随着人体动作而弯折、移动的面料。

angelcore：借用欧洲常见的天使形象创作，但不涉及特定的宗教内涵，常见元素有蝴蝶、天空、巴洛克或洛可可元素等。

图片效果

柔和的色彩与华丽的装饰，展现出优雅轻盈的画面效果。

提示词

Francois Boucher, paintings of woods in the garden, in the style of Rococo portraitures, energetic figures, light amber and azure, spectacular backdrops, flowing fabrics, angelcore

中文翻译

弗朗索瓦·布歇，描绘花园里树林的画作，洛可可式肖像画风格，充满活力的人物，浅琥珀和天蓝色，壮观的背景，流动的织物，天使核

新古典主义

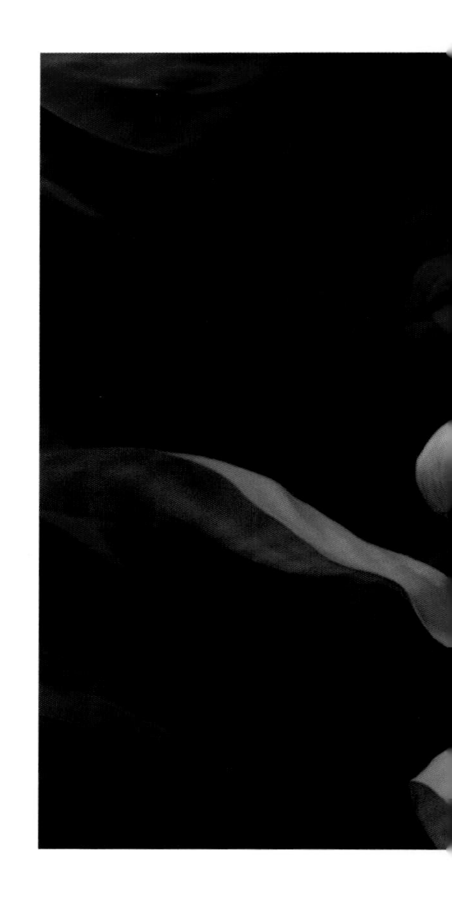

风格定义

新古典主义兴起于18世纪的意大利罗马，在19世纪初繁荣发展，它起源于对巴洛克和洛可可这两种复杂艺术的反思，尝试重振古希腊、古罗马的几何图形艺术，使画面更加简单明了。新古典主义艺术的特点为不对主体结构做太多装饰，但要竭尽所能地用装饰填满角落的空间，不会陷入"过度复杂"或"过度简单"中的任何一极。我们输入提示词"ancient Greco-Roman art style（古希腊罗马艺术风格）"，以更好地营造出这样的艺术风格。

图片效果

相对极繁的背景，人物形象刻画简单，使得画面极具反差张力。

提示词

A woman, knife in hand, ancient Greco-Roman art style, Jean Auguste Dominique Ingres, imposing, grand setting, swirling vortex

中文翻译

一个妇女手拿刀，古希腊罗马艺术风格，让·奥古斯特·多米尼克·安格尔，气势磅礴，宏伟的场景，漩涡

浪漫主义

风格定义

19 世纪浪漫主义的诞生是对当时新古典主义、学院派美术的一次革命。浪漫主义风格强调情感、个人自由和自然之美，不遵从理性原则，这种风格的作品充满激情，遵循直觉来创作。Midjourney 对浪漫主义的理解仅限于“浪漫”的字面含义，难以准确表现艺术风格，但如果按照“主体 + 故事情节 + 代表人物”的组合输入提示词，输出的图片就能很好地呈现浪漫主义的特色。

欧仁 · 德拉克鲁瓦（Eugène Delacroix）是法国著名浪漫主义画家。以他作为提示词，能使生成的图像更加具有浪漫主义特征。

图片效果

流畅的笔触描摹出风的形状，微风吹在山坡上，人们衣摆飘动，惬意、自在。一切无不散发着浪漫的气息。

提示词

They walked to the top of the castle, Eugène Delacroix

中文翻译

他们走向城堡的顶端，欧仁 · 德拉克鲁瓦

印象派

风格定义

印象派诞生于19世纪末法国的一场艺术运动，他们以直接感受和印象为出发点，强调画家对自然景象的观察和感受。印象派画作的特色是笔触未经修饰，较为显见，尤其着重于表现光影的改变和对时间的印象。

印象派代表画家有奥斯卡-克劳德·莫奈（Oscar-Claude Monet）、埃德加·德加（Edgar Degas）、皮埃尔-奥古斯特·雷诺阿（Pierre-Auguste Renoir），这里我们在提示词里加入画家名字“Monet”，轻松实现了印象派特有的画面效果。

图片效果

捕捉瞬间的印象，很好地表现了自然光的变化和色彩的变化。明亮的色彩和短促的笔触，创造出生动和充满活力的作品。

提示词

View of a lake with two swans, complementary colors, Monet

中文翻译

湖上有两只天鹅，互补色，莫奈

立体主义

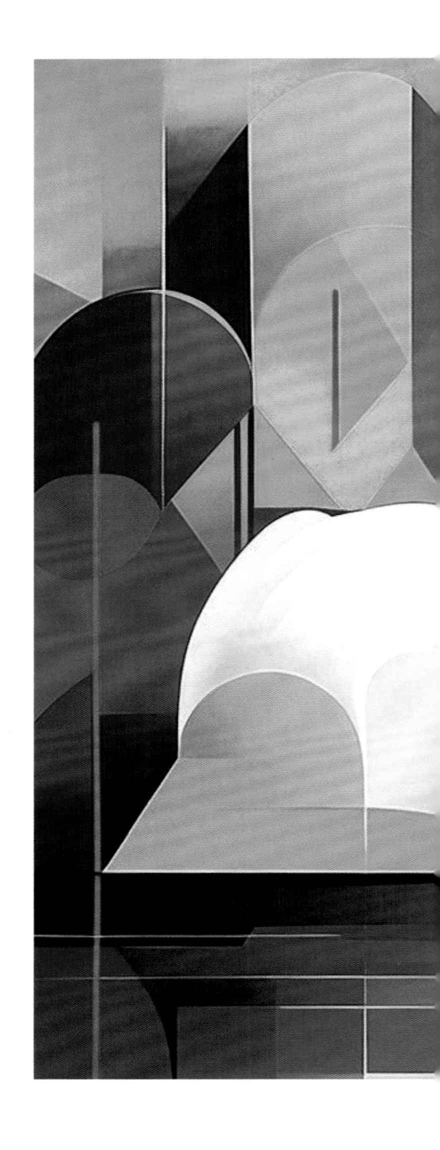

风格定义

立体主义起源于20世纪初期的法国，由毕加索等人创建。立体主义打破了传统绘画的形式，以多面体、多重视角、透视等方式重新组织视觉空间。

著名的立体主义艺术家包括巴勃罗·毕加索（Pablo Picasso）、乔治·布拉克（Georges Braque）等。这里我们输入提示词“Cubist style（立体主义风格）”和“Picasso（毕加索）”，就得到了典型的立体主义风格的画面。

图片效果

使用几何形状和明亮的色彩，创作出抽象和具有立体感的画面。

提示词

Cubist style, two swans on a lake, Picasso, multi-dimensional, abstract, vivid picture

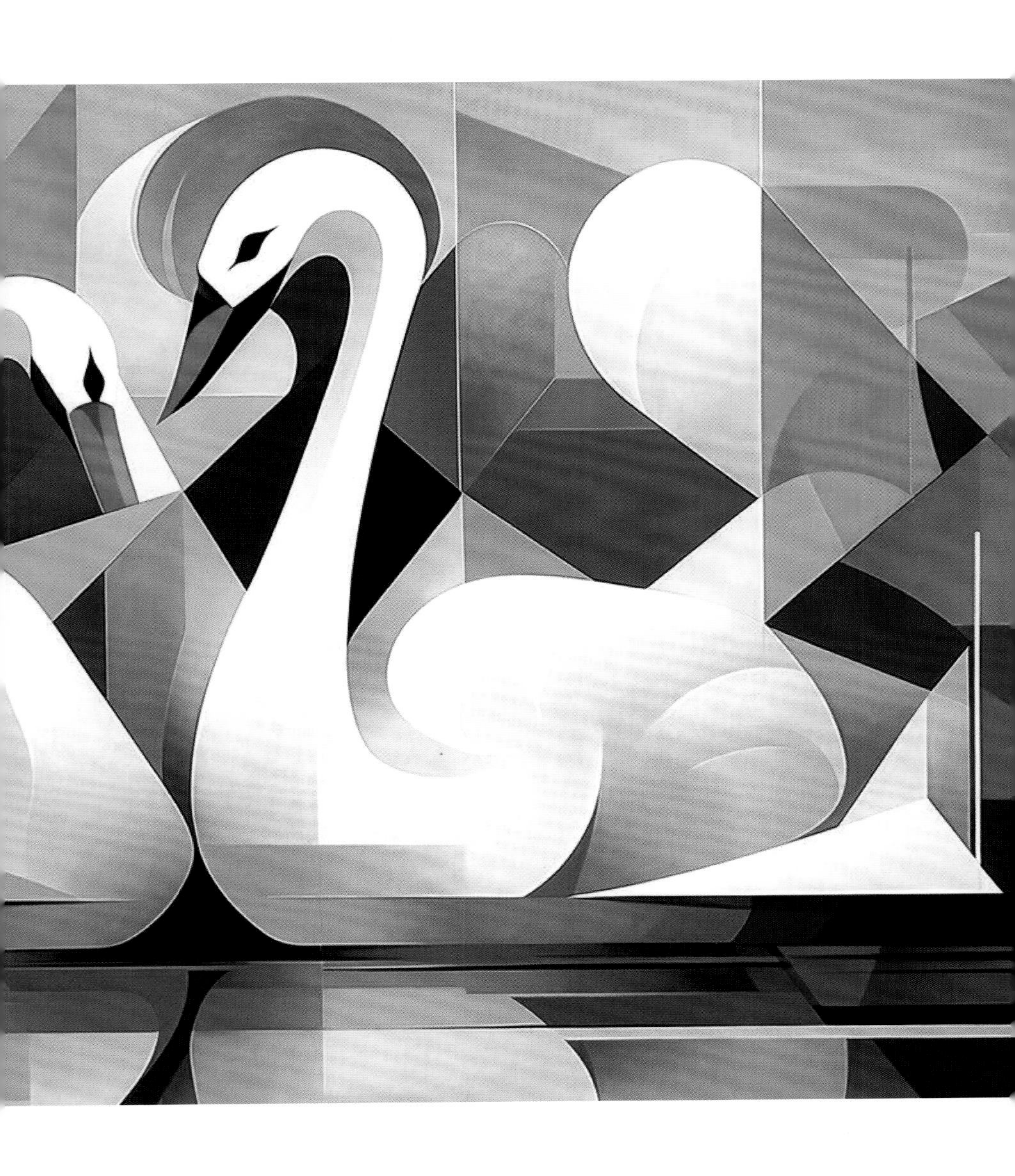

中文翻译

立体主义风格，湖上有两只天鹅，毕加索，多维，抽象，生动的画面

超现实主义

风格定义

超现实主义是 20 世纪初在欧洲兴起的一种现代艺术流派，强调理性和逻辑之外的潜意识和想象力，通过表现非常规和超自然的主题来挑战传统的艺术表现形式。在提示词中输入“surrealist collage（超现实主义拼贴画）”“Carrie Ann Baade（卡丽 · 安 · 巴德）”“romanticized（浪漫化的）”等来生成非传统艺术形式的图像。

卡丽 · 安 · 巴德是 20 世纪 70 年代出生的美国超现实主义艺术家，她的作品经常将丰富的当代和古典符号与高亮的色彩相结合。

图片效果

画作充满了不连贯和荒诞的元素，给人以不确定和异化的感觉。

提示词

Two men holding flowers standing by a lake, in the style of a surrealist collage, Carrie Ann Baade, romanticized depiction of wilderness, composed of vines, surrealist femininity, multilayered collage

中文翻译

两名手持鲜花的男子站在湖边，超现实主义拼贴画风格，卡丽 · 安 · 巴德，对荒野的浪漫化的描绘，由藤蔓构成，超现实主义的女性气质，多层拼贴画

超现实主义

图片效果

在这幅作品中，超现实主义和波普艺术相互融合，展现了超现实的元素，并通过波普艺术的图案和色彩来强调超现实主题的奇幻和夸张。

在没有输入“Salvador Dalí（萨尔瓦多 · 达利）”这样的提示词的情况下，这幅作品也展现了强烈的达利风格。可见 AI 工具的计算能力及基础的训练图库足够庞大。

提示词

The artist is shown holding a wooden eye, in the style of surreal architectural landscapes, surrealist pop art, light sky-blue and orange, security camera art, multiple perspectives, Art Deco influence, sophisticated surrealism

中文翻译

图中艺术家手持一只木制的眼睛，超现实建筑景观风格，超现实主义波普艺术，浅天蓝色和橙色，安全摄像头艺术，多角度，装饰派艺术的影响，精致的超现实主义

抽象表现主义

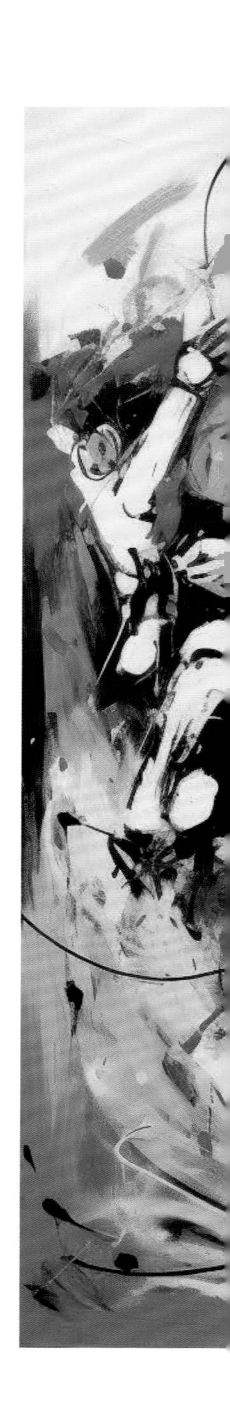

风格定义

抽象表现主义源自 20 世纪中期兴起于美国的抽象艺术运动。它强调作品的情感表达与艺术家个人的直觉和感觉，艺术家通过色彩、线条和形状的自由运用来传递内心体验。尝试在提示词中加入角色、艺术风格、画家名字，可以得到一幅典型的抽象主义作品。

杰克逊 · 波洛克（Jackson Pollock）生于 1912 年，是一名美国画家。其创作不做事先规划，作画时不会待在固定的位置，喜欢在画布四周随意走动，以反复的无意识的动作画成复杂难辨、线条错乱的网，人们称他的作画方式为“行动绘画”。

图片效果

通过点、线、面、色彩、形体、构图来传达快意的情绪，充满动感与活力。

提示词

Sporty, Abstract Expressionism, Jackson Pollock

中文翻译

运动型，抽象表现主义，杰克逊 · 波洛克

Chapter

05

第五章

Illustration

插画

从早期的洞穴壁画到当今的数字，插画经历了漫长的发展过程，风格极为个性化，变化多端。因此，在进行 AIGC 创作时，输入某个风格代表画家的名字作为提示词，往往能够精准地获得该风格的图像。

我们对大量的插画风格进行研究，挑选出了插画行业最主要的 13 个画风进

行创作示范：具有东方气质的现代风格，如“水墨动漫”“剪纸画”；西方复古风格，如“穆夏风”“复古美式”“莫里斯风格”；自在多彩的“涂鸦风”“莫比厄斯风格”；简约现代的“色彩几何建筑”“自由线条”“简单趣味”；细致精巧的“水彩画”“细腻花卉”“暗系色调”。

穆夏风

风格定义

加入提示词“Alphonse Mucha（阿尔丰斯 · 穆夏）”，穆夏出生于1860年，是捷克斯洛伐克的一名画家。其作品以柔和、优雅且具有装饰性的特点而闻名。他经常以女性为中心进行创作，作品展现出了女性的优雅和美丽。

这里我们加入“mural painting（装饰画）”“culturally diverse（多元文化）”等提示词帮助画面更好地实现穆夏风。

提示词里的“--niji”代表动漫风格。

图片效果

画面具有醒目的流动曲线、淡雅的色彩和多样的元素，既有日本的浮世绘风格，又有巴洛克艺术的唯美，融合了东西方艺术风格。

提示词

An Art Deco poster featuring a woman in a dress, in the style of Alphonse Mucha, light crimson and light aquamarine, decorative paintings, abundant symbolism, mural painting, culturally diverse elements --niji

中文翻译

一幅装饰派艺术海报，以一位身着礼服的女士为主题，采用阿尔丰斯 · 穆夏风格，浅深红色和浅海蓝色，装饰画，丰富的象征意义，壁画，多元文化元素，动漫风格

复古美式

风格定义

复古美式风格源于美国的历史和文化，通常以深色调为主，既有历史的厚重感，又有现代的舒适感，常搭配硬朗的线条和复古的美国元素，给人一种怀旧的感觉。这里输入提示词“Norman Rockwell（诺曼·洛克威尔）”以生成复古美式风格的画面。诺曼·洛克威尔是美国画家和插画艺术家，作品主要记录了 20 世纪美国的发展与变迁。

图片效果

使用红色、蓝色、绿色等较为艳丽的颜色，实现高对比度的配色，搭配硬朗的线条，实现复古美式的画风，画面热闹，情绪饱满。

提示词

Vintage American wallpaper illustration by Norman Rockwell

中文翻译

诺曼·洛克威尔绘制的复古美式壁纸图片

莫里斯风格

风格定义

威廉 · 莫里斯（William Morris）是 19 世纪的英国设计师，以其对手工艺的追求而闻名。他倡导恢复手工制作的价值，反对工业化生产带来的机械化和标准化。他的设计注重细节和精湛的工艺，以自然元素，特别是植物图案为主题，具有中世纪艺术的风格，进而创造出富有艺术感的家具、纺织品、壁纸和装饰品。

图片效果

这里模仿了 19 世纪英国工艺美术运动中书籍装帧排版的风格，色彩清新，花草藤蔓具有浓郁的自然气息，细节丰富，形态流畅，典雅精美。

提示词

Delicate vines and flower patterns around the text, William Morris

中文翻译

精致的藤蔓和花朵图案环绕在文字周围，威廉 · 莫里斯

莫里斯风格

图片效果

相同提示词生成的第二幅作品，画面自然优美，AI 随机增加了哥特建筑的元素后，使画面更加独特。

提示词

Delicate vines and flower patterns covering pages around the text, William Morris

中文翻译

精致的藤蔓和花朵图案环绕在文字周围，威廉 · 莫里斯

M
W

莫里斯风格

图片效果

相同提示词生成的第三幅图相较于前两幅图，这幅更符合典型、成熟的莫里斯工艺美术风格。缠绕的植物花卉，色彩纯净，造型柔美。

提示词

Delicate vines and flower patterns covering pages around text, William Morris

中文翻译

精致的藤蔓和花朵图案环绕在文字周围，威廉 · 莫里斯

细腻花卉

风格定义

罗伯特·约翰·桑顿（Robert John Thornton）是一名植物学家，他善于捕捉花朵、叶子和其他植物特征的复杂细节。添加提示词“Robert John Thornton”可以生成细腻柔美的花卉插画。

图片效果

深色的背景，突出了植物的细节，画面柔润细腻，立体感强，更具真实性。

提示词

Watercolor flowers, light silver and dark bronze, colorful, landscape painting, vivid imagery, striped arrangements, Robert John Thornton

中文翻译

水彩花卉，浅银色和深青铜色，色彩斑斓，风景画，生动的意象，条纹排列，罗伯特·约翰·桑顿

细腻花卉

图片效果

相较上一张图片，这张图片的表现力更强，更奔放，更具冲击力。

提示词

Watercolor flowers, light silver and dark bronze, colorful, landscape painting, vivid imagery, striped arrangements, Robert John Thornton

中文翻译

水彩花卉，浅银色和深青铜色，色彩斑斓，风景画，生动的意象，条纹排列，罗伯特·约翰 · 桑顿

细腻花卉

风格定义

皮埃尔 - 约瑟夫 · 雷杜德（Pierre-Joseph Redouté）是比利时植物插画家，以其精美细腻的植物插画而闻名，擅长使用水彩和水粉等工具描绘植物。

图片效果

场景的光影描绘准确，夕阳下的花房，美丽、静谧。

提示词

In a room filled with lush herbs, Pierre-Joseph Redouté

中文翻译

在一间种满郁郁葱葱的草本植物的房间里，皮埃尔 - 约瑟夫·雷杜德

暗系色调

风格定义

阿瑟 · 拉克姆 (Arthur Rackham）是 1867 年出生的英国插画家。其作品多为暗系色调，采用奇幻和神话元素。这里，我们除了使用画家姓名作为提示词外，还加上了提示词“flowers（花卉）”“dark tones（暗系色调）”。

图片效果

神秘、黑暗、颓败的美感。

提示词

Arthur Rackham, floral poster material, flowers, watercolor, dark tones, no characters

中文翻译

阿瑟 · 拉克姆，花卉海报素材，花，水彩，暗系色调，无人物

莫比厄斯风格

风格定义

莫比厄斯风格的特点是画面充满连续、循环的曲线。

图片效果

通过构图与线条营造出无限循环的感觉。鲜艳的红、黄、蓝等色彩的运用，为作品增添了视觉吸引力。

提示词

In the style of bold graphic comic art, vibrant cartography, text and emoji, explosion, expressionism, firecore, colorful, Moebius

中文翻译

大胆的图形漫画艺术风格，生动的制图，文字和表情符号，爆炸，表现主义，火核，色彩斑斓，莫比厄斯

涂鸦风

风格定义

让 - 米歇尔 · 巴斯奎特（Jean-Michel Basquiat）是 20 世纪的美国涂鸦艺术家。他常常使用鲜艳的颜色、符号和文字进行创作。加入提示词“Jean-Michel Basquiat”，即可生成一幅复杂且富有层次感的涂鸦作品。

图片效果

色彩浓郁，但又搭配协调，夸张的造型使得画面更具趣味。

提示词

Exaggerated and frenetic graffiti, vibrant paints and distinctive lines intertwine to create unforgettable images, Jean-Michel Basquiat

中文翻译

夸张、狂热的涂鸦，鲜艳的颜料和独特的线条交织在一起，创造出令人难忘的画面，让 - 米歇尔 · 巴斯奎特

水彩画

风格定义

水彩画通常是使用水溶性颜料和水创作而成的，擅长表现光线和色彩。使用以下画师的名字作为提示词，可以很好地实现水彩画的效果。

海伦妮 · 谢尔夫贝克（Helene Schjerfbeck）是 1862 年出生的芬兰画家，她擅长通过简化的人物和静物来传达人物内心世界。

理查德 · 斯凯瑞 (Richard Scarry）是 20 世纪的美国儿童图书作家和插画家，他的画作色彩明亮、描绘细致，且充满幽默感。

奥斯卡 · 施莱默（Oskar Schlemmer）是 1888 年出生的德国画家，他的画风可以被描述为抽象表现主义和构成主义的结合。他的作品往往融入了舞蹈和戏剧的元素，他以人体姿势和动作为灵感，创造出充满动感和戏剧性的形象。

图片效果

画面保留了水彩的透明感与笔触的流动感，比较平面化，不是很立体。

提示词

A big bunny and a big-eyed cat drinking coffee, imaginative characters, photorealistic detail, Helene Schjerfbeck, Richard Scarry, Oskar Schlemmer, realistic watercolor paintings

中文翻译

一只大兔子和一只大眼猫在喝咖啡，富有想象力的角色，逼真的细节，海伦妮·谢尔夫贝克，理查德 · 斯凯瑞，奥斯卡 · 施莱默，写实的水彩画

水彩画

图片效果

相较上一幅画，主体人物描绘细致、立体，色彩柔和。

提示词

A drawing of a girl and a rabbit having tea at the table, imaginative characters, photorealistic detail, Helene Schjerfbeck, Richard Scarry, Oskar Schlemmer, realistic watercolor paintings

中文翻译

一个女孩和一只兔子在桌边喝茶的图画，富有想象力的角色，逼真的细节，海伦妮·谢尔夫贝克，理查德·斯凯瑞，奥斯卡·施莱默，写实的水彩画

自由线条

风格定义

昆廷 · 布莱克 (Quentin Blake) 是一位出生于 20 世纪 30 年代的英国插画家。他常使用钢笔、芦苇笔和羽毛笔进行绘画，以简洁的线条刻画人物神态、动作和情感，其线条笔触粗糙而有棱角，不拘泥于细节和比例。

安德烈亚 · 安蒂诺里 (Andrea Antinori) 是一位出生于 1992 年的意大利插画师。他的笔触随性、干净，他以一种平面化的绘画方式和明亮丰富的色彩来表现奇异有趣的“脑洞”世界。

以上两位画家笔下的线条呈现出不一样的优美。

图片效果

线条松弛，笔触自由，色彩明媚舒适，充满童趣。

提示词

Hand-drawn illustration, childlike, bright colors, simple lines, Quentin Blake --niji

中文翻译

手绘插画，童趣，明亮的色彩，简单的线条，昆廷 · 布莱克，动漫风格

自由线条

图片效果

线条随性且具有律动感，色块间的视觉碰撞使得画面分外灵动。

提示词

Hand-drawn illustration, childlike, bright colors, simple lines, Andrea Antinori --niji

中文翻译

手绘插画，童趣，明亮的色彩，简单的线条，安德烈亚·安蒂诺里 --niji

色彩几何建筑

风格定义

桑德 · 帕特尔斯基（Sander Patelski) 是一位来自荷兰的建筑插画师。他以中世纪现代主义和包豪斯风格进行时尚的现代室内设计，将极具概念性的颜色和形状组合在一起。

通过提示词“Sander Patelski”能创作出时尚的建筑插画作品。

图片效果

大胆地使用了强烈的红色、黄色、蓝色和黑色的组合，并辅以粉彩，模仿混凝土的特征。没有装饰的简单立方体却形成了意想不到的建筑力量。

提示词

Graphic poster of modernist architecture, concrete, Sander Patelski, strong and slightly muted shades of red, yellow, blue and black complemented by pastels

中文翻译

现代主义建筑图形海报，混凝土，桑德·帕特尔斯基，强烈而略显柔和的红色、黄色、蓝色和黑色色调，辅以粉彩

简单趣味

风格定义

通过加入提示词“in the style of color-blocked textiles（色块纺织品风格）”“vibrant pastels（鲜艳粉彩）”“elongated figures（拉长的人物）”，让画面更具趣味性。

图片效果

主体物变形后，画面极富无厘头效果，粉调色彩的使用增强了趣味性。

提示词

In the style of color-blocked textiles, vibrant pastels, elongated figures, close-up, eclectic curatorial style, gouache, pink and cyan, solid color background, Crayola texture

中文翻译

色块纺织品风格，鲜艳粉彩，拉长的人物，特写镜头，折衷主义策展风格，水粉，粉色和青色，纯色背景，蜡笔质感

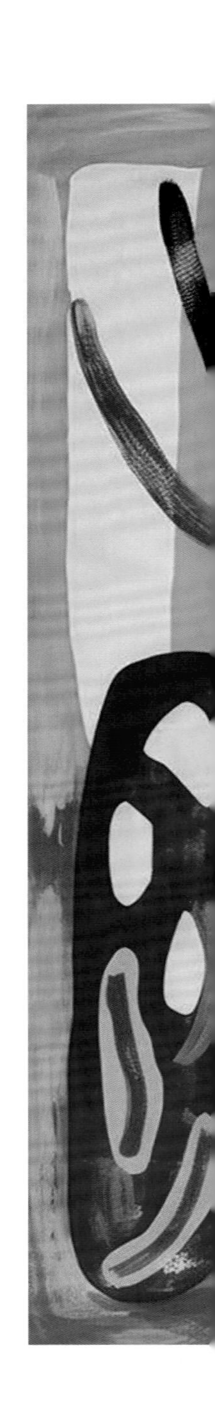

简单趣味

风格定义

加入提示词“fun exaggerated characters（有趣夸张的人物）”“vibrant pastels（鲜艳的粉彩）”“solid background（纯色背景）”等，使生成的画像具备大胆怪诞的人物造型和色彩。“first edition of annual illustrations（年度插画第一版）”是在生成这幅作品的过程中，无意间形成的提示词，没想到产生了意料之外的效果，使得画面的颗粒度有很明显的提升。

图片效果

画面表现力强，给人以轻松有趣的感觉，形成了强烈的视觉冲击力。与上一幅作品相比，细节更多，故事性更强。

提示词

First edition of annual illustrations, fun exaggerated characters, vibrant pastels, close-up, pink and teal, solid background, simple crayon drawing

中文翻译

年度插画第一版，有趣夸张的人物，鲜艳的粉彩，特写，粉色和青色，纯色背景，简单蜡笔画

水墨动漫

风格定义

Midjourney 对中国绘画的理解还不是很完善，这组水墨动漫风格的图片经过多次调整后才得到以下效果，主要提示词是“Chinese ink（中国水墨）”。

图片效果

画面黑白对比强烈，笔触强劲有力，极具力量感。

提示词

Chinese warrior movie poster, swordsman movie poster art, Chinese knife art, light white and black, Chinese ink, action painter

中文翻译

中国武侠电影海报，武侠电影海报艺术，中国刀艺，浅黑白，中国水墨，动作画家

水墨动漫

图片效果

具有漫画感的同时，很好地结合了中国传统水墨画晕染飘逸的特点。

提示词

Chinese ancient painting style/Ancient Chinese traditional ink painting, white background, distant view shot, beautiful natural lighting, best masterpiece, 8K, exquisite and delicate details

中文翻译

中国古代绘画风格 / 中国古代传统水墨画，白色背景，远景拍摄，美丽的自然光，最佳杰作，8K，细节精致细腻

剪纸画

风格定义

在提示词中加入“in the style of captivating light（具有迷人光线的风格）”“papercut scene（剪纸场景）”“papercut art（剪纸艺术）”等，让生成的剪纸画风格的图像更加立体、更具层次感。

图片效果

光影效果强烈，纸片叠加的方式展现出强烈的空间感，元素错落有致。

提示词

A papercut scene in oriental style, in the style of captivating light, grandeur of scale, gongbi

中文翻译

东方风格的剪纸场景，具有迷人光线的风格，宏大的规模，工笔的风格

剪纸画

图片效果

采用了浅色卡纸，色彩更显柔和。最终形成的效果仿似仙境。

提示词

The oriental themed papercut art is lit up, in the style of light white and light brown, realistic depiction of light, multilayered dimensions

中文翻译

点亮东方主题的剪纸艺术，浅白色和浅棕色的风格，对光线的逼真描绘，多层次维度

Chapter 06

第六章

Game

游戏

The Game Awards（游戏奖）是由索尼、微软、任天堂及维尔福赞助的游戏评比活动。随着近些年的发展，它已经逐渐成为享誉世界的重要游戏活动。我们选取了 2018—2022 年的 70 余个获奖作品进行了分类：充满激情的热血游

轻快

舒缓

戏“澎湃战场”“狂热盛夏”；暗黑的游戏“奇诡地狱”“暗黑哥特”；沉浸类的冒险游戏“夜幕降临”；轻松自在的欢乐游戏“活力星球”“煦日海风”“治愈之旅”。

沉重

奇诡地狱

风格定义

这里我们通过提示词“heavy metal embroidery（重金属刺绣）”“Art Nouveau（新艺术风格）”“dark violet and red（深紫色和红色）”等，来呈现具有英雄主义色彩的画面。

图片效果

画面中的色彩传达出一种强烈的血腥味，但画面中央的人物极具英雄气概，给人一种地狱求生的激情、奇幻之感。

提示词

Game poster, dark violet and red, lively poses, heavy metal embroidery, 32K UHD, Art Nouveau, dimensional multilayering

中文翻译

游戏海报，深紫色和红色，生动的姿势，重金属刺绣，32K 超高清，新艺术风格，各维度多层次叠加

暗黑哥特

风格定义

“暗黑哥特”在这里指一种黑暗、邪恶、神秘和极端的氛围。可以使用能增加恐怖感的提示词“horror film（恐怖电影）”或恐怖电影名称，然后再加入能传递美好感受的提示词“couple（情侣）”，营造出冲突感。

图片效果

色彩浓郁的背景、古怪的造型和暗淡的灯光，三者共同营造出恐怖的氛围，但在这种环境下，主体人物的动作却十分亲密，画风与故事之间的强烈反差，产生了独特的戏剧感。

提示词

Dark, a couple eating together in *Year Of The Ladybug*, horror film, horror academia

中文翻译

黑暗，《瓢虫之年》里一起吃饭的情侣，恐怖电影，恐怖学术

夜幕降临

风格定义

“虚空派（Vanitas）”是一种象征性的绘画风格。这个单词来自拉丁语 vanitas，意即“虚无”。

提示词“creepypasta（恐怖都市传说）”指的是一种以恐怖、奇怪或令人不安的感觉为主题的短篇故事、图像、视频或音频，它通过互联网传播，往往涉及怪异的事件、超自然现象、诡异的人物。

“Ogham scripts”（奥格玛文字）是爱尔兰的一种神秘文字，使用它能增强所生成图像的神秘氛围。

在借鉴《死亡搁浅》（*Death Stranding*）这款游戏的独特风格的同时，我们使用了提示词“Vanitas”“panorama（全景）”及“creepypasta”，共同构建出夜幕降临的氛围，使人感到十分神秘，产生不安的情绪。

图片效果

场景宽阔悠远，黑色海岸、阴沉天空透露出一股孤独感，独行的旅人即将前往彼岸探索未知，画面的悬疑性强，让观者不免产生期待。

提示词

Death Stranding is a video game, in the style of minimalist typography, outdoor beach scenery, grandiose ruins, Ogham scripts, Vanitas, panorama, creepypasta

中文翻译

《死亡搁浅》是一款视频游戏，极简排版风格，户外海滩风光，宏伟废墟，奥格玛文字，虚空派，全景，恐怖都市传说

活力星球

风格定义

为了生成活力四射的场景，作者使用了提示词“laughter（欢声笑语）”“sunshine（阳光）”等。

图片效果

画面温暖、活泼，洋溢着正能量，两位选手的拥抱和背景中的观众席形成呼应，欢乐的气氛扑面而来，观者仿佛能听到赛场上的呐喊与喝彩。

提示词

The whole tennis court was filled with laughter as the two men interacted with each other. The sunshine brought them a positive energy that made the match more enjoyable and exhilarating. Their bodies and minds were relaxed and rejuvenated by the sunshine, leaving all their worries and stresses behind and focusing on the game and appreciating each other's performance. ultra wide angle, UHD

中文翻译

当两人互动时，整个网球场充满了欢声笑语。阳光给他们带来了正能量，正能量让比赛变得更加愉快和精彩。在阳光的照耀下，他们的身心都得到了放松，恢复了精神，将所有的烦恼和压力都抛在了脑后，专注于比赛和欣赏对方的表现。超广角，超高清

煦日海风

风格定义

我们在提示词里加入“Disney（迪士尼）”“3D character（3D 角色）”“surfing（冲浪）”等，呈现出一个充满活力和童话气息的卡通风格的夏季海滩场景。

图片效果

鲜艳活泼的色彩使人仿佛能感受到扑面而来的夏季海风，卡通人物的圆润造型则为画面增添了一丝可爱。这幅作品描绘出了人人都向往的无拘无束的快乐童年。

提示词

3D art, 3D character, Disney Pixar animation, Pop Mart, C4D, surfing, the movie poster for *Crazy Summer Kids*, ZBrush, cartoon characters, Disney animation, airy and light, game art, cartoon scene, best quality, 8K

中文翻译

3D 艺术，3D 角色，迪士尼皮克斯动画，泡泡玛特，C4D，冲浪，《疯狂夏日小子》的电影海报，ZBrush（数字雕刻和绘画软件），卡通角色，迪士尼动画，轻盈明亮，游戏艺术，卡通场景，最佳质量，8K

治愈之旅

风格定义

“治愈”是指通过多种途径缓解身心疲惫、恢复健康和平衡的过程。我们使用了提示词“Fairytale world of children's playground（儿童乐园的童话世界）”“cute plush monsters（可爱的毛绒怪兽）”和“cotton candy（棉花糖）”，以此让作品给人带来心灵上的舒缓和精神上的慰藉。

图片效果

画面色彩粉嫩、梦幻，古灵精怪的小怪兽身体采用的是触感舒适的毛绒材质，从色彩搭配到材质，再到形态，都给人一种身处童话世界的治愈感受。

提示词

Fairytale world of children's playground with cute plush monsters and lots of hairballs, surrounded by flower arrangement with balls of wool, cotton candy, UHD

中文翻译

儿童乐园的童话世界有可爱的毛绒怪兽和许多毛球，周围是有毛线球的插花，棉花糖，超高清

治愈之旅

图片效果

典型的日漫画风，色彩干净清爽，形象可爱。

提示词

A girl with long flowing hair, in the style of cartoon mise-en-scene, Hallyu, dark yellow and light blue, social documentary, childlike innocence, serene face, gamecore

中文翻译

长发飘飘的女孩，卡通风格的场景，“韩流”，深黄和浅蓝，社会纪实，童真，恬静的面孔，游戏核

澎湃战场

风格定义

澎湃战场是一种激烈热血的游戏风格。为了减弱战场的血腥程度，这里我们对天空进行定义，加入提示词“a clear day（晴朗的一天）”，使画面展现出一丝生机。

图片效果

由于规避了血迹、人等元素，加上明亮的天空，使得场面显得没有那么惨烈。飞溅的尘土很好地表现出了游戏的激烈感。

提示词

An image showing troopers being attacked by tanks on a clear day, Nikon D850, Precisionist Art, ultra wide angle, UHD

中文翻译

显示部队在晴朗的一天遭到坦克袭击的图片，尼康 D850，精确主义艺术，超广角，超高清

狂热盛夏

风格定义

通过提示词“midsummer（盛夏）”“all-terrain vehicle（全地形车）”“high-speed movie（高速电影）”“cinematic lighting（电影照明）”等，可以生成炽烈、狂热且充满活力的夏日场景。

图片效果

画面明媚，风景秀丽，但总感觉画中人会迎来一场畅快的冒险。

提示词

Midsummer, all-terrain vehicle, high-speed movie, grandeur of scale, majestic ports, Unreal Engine, cinematic lighting, editorial illustrations, lively movement, joyful celebration of nature, Kawacy, natural scenery

中文翻译

盛夏，全地形车，高速电影，宏大的规模，雄伟的港口，虚幻引擎，电影照明，编辑插图，生动的动作，大自然的欢乐庆典，Kawacy（日本人气插画师），自然风光

狂热盛夏

图片效果

尽管没有人物或活动，但画面通过巨大的西瓜和飞向空中的红色小球，很好地营造了欢快的氛围。前中后景层层递进的处理，增强了视觉冲击力。

提示词

Watermelon cars, high-speed movie, grandeur of scale, majestic ports, Unreal Engine, cinematic lighting, Sony FE GM, UHD, super detail

中文翻译

西瓜车，高速电影，宏大的规模，雄伟的港口，虚幻引擎，电影照明，索尼 FE GM，超高清，超级细节

Chapter
07

第七章

Feminine beauty
女性美

女性美的演变，很大程度上与流行趋势有关。如今文化、经济、生活方式等的改变，为女性表现自我提供了一个更加友好的社会环境，女性形象也变得格外多样，女性可以选择适合自己的流行趋势去追随。

- 大女主：精神强大、精干美丽的女性形象，这一形象的女性在社会上逐渐增多。
- 自然主义：追求自然，不过分追求完美形象，富有活力的自信女性形象。
- 性感魅力：敢于表现自我身体的性感女性，精神与外在一样强大。
- 唤醒独特性：略为叛逆的女性，具有独特的艺术审美，对穿搭有自己的理解，有一定的文艺气质。

- 活力四射：热爱运动的女性，富有生命力。
- 东方美：分为西方人眼中的东方美，较为传统的温柔的东方美，以及时尚、有高级感的东方美。
- 甜美可爱：天真烂漫的女性形象。
- 元宇宙：活泼、年轻、富有创造力的新世代，勇于尝试先锋艺术的时尚女性形象。

大女主

风格定义

通过使用代表高级材质的提示词，如“a white silk blouse（一款白色丝绸上衣）”“crocodile（鳄鱼皮）”及“solarizing master（曝光大师）”，来提高整个画面的品质感。

图片效果

画面人物拥有自信的身体语言，极富设计感的着装与质感强烈的背景，这些都凸显出了该女性身上沉淀的魅力。

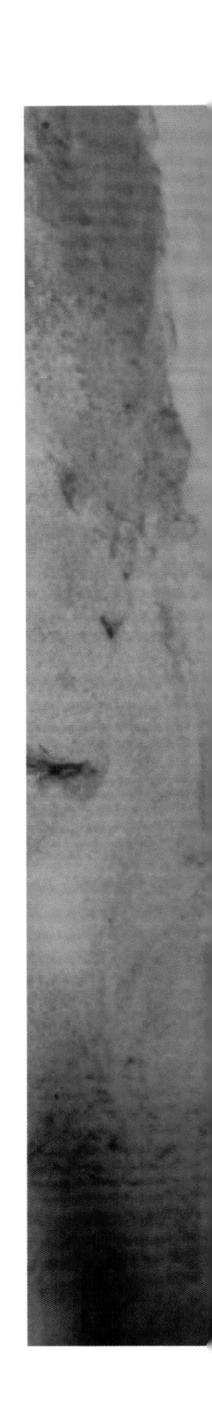

提示词

A white silk blouse, brown leather shoes, high heel boots, crocodile strappy heel, in the style of soft color blending, minimalist palette, solarizing master, exquisite clothing detail

中文翻译

一款白色丝绸上衣，棕色皮鞋，高跟短靴，鳄鱼皮细跟，以柔和颜色混合的风格，简约的色调，曝光大师，精致的服装细节

自然主义

风格定义

通过提示词“wearing colored clothing（彩色衣服）”“in the style of happycore（快乐核的风格）”“playful use of lines（俏皮的线条运用）”和“color-streaked（有彩色条纹的）”来烘托氛围，打造自然阳光的味道。

图片效果

自由的海风、欢快的笑脸和飘动的围巾，让画面灵动起来，无不凸显人与自然之间的和谐之美。

提示词

Wearing colored clothing, including a patterned bandana, in the style of happycore, beach portraits, playful use of line, color-streaked, poolcore, soft-focus

中文翻译

彩色衣服，包括带图案的头巾，快乐核的风格，海滩肖像，俏皮的线条运用，有彩色条纹的，池核，柔焦

自然主义

风格定义

这里我们加入提示词“close-up of a woman with some brown freckles on her face（一个脸上有一些褐色斑点的女人的特写）”，以此来生成自然的面部皮肤，通过细致的描述实现人物真实而迷人的面容。

图片效果

图片中阳光照射着少女的脸庞，白皙的皮肤上虽然有细小的雀斑，但这恰是点睛之笔，体现了人物不加修饰的美。

提示词

Close-up of a woman with some brown freckles on her face, light silver and light red, wandering eye, clear edge definition, shiny/glossy

中文翻译

一个脸上有一些褐色斑点的女人的特写，浅银色和浅红色，眼神游离，边缘清晰，闪亮的 / 有光泽的

性感魅力

风格定义

我们想创造性感、有魅力的女性形象，她自信、大胆且有气场，因此我们在提示词里加入了“lace（蕾丝）”“pink（粉色）”和“detailed costumes（细致的服装）”，以展现女性的诱人特质。

图片效果

一名长相符合当下大众审美的女性身着性感服饰，佩戴金属首饰，端坐在象征着权力的王座之上。硬朗的黑色与柔美的粉色之间产生碰撞，塑造出了一种别具魅力的女性形象。

提示词

A lady in lace clothing sitting on a chair, in the style of dark black and pink, Bettina Rheims, detailed costumes, Bella Kotak, smooth and shiny, Japonism influenced pieces

中文翻译

一位穿着蕾丝服装的女士坐在椅子上，深黑色和粉色风格，贝蒂娜·兰斯（摄影师），细致的服装，贝拉·科塔克（摄影工作室），光滑闪亮，受日本主义影响的作品（注：“日本主义”特指日本艺术、时尚与审美对于欧洲西方文化的影响。）

性感魅力

风格定义

在提示词里加入“Valentino（华伦天奴）”“vintage aesthetics（复古美学）”和“ethereal quality（空灵品质）”，以此展现奢侈品牌的古典美。这两张图片呈现出不同的性感魅力风格，进一步展现了女性多样的吸引力。

图片效果

人物自信、坚定，这是一种有力量的性感魅力。

提示词

Valentino 2017 Spring/Summer Collection, in the style of light bronze and white, Antebellum Gothic, delicate etchings, vintage aesthetics, 1960s, gemstone, ethereal quality

中文翻译

华伦天奴 2017 春夏系列，浅古铜色和白色风格，美国南北战争战前哥特式，精致蚀刻，复古美学，20 世纪 60 年代，宝石，空灵品质

唤醒独特性

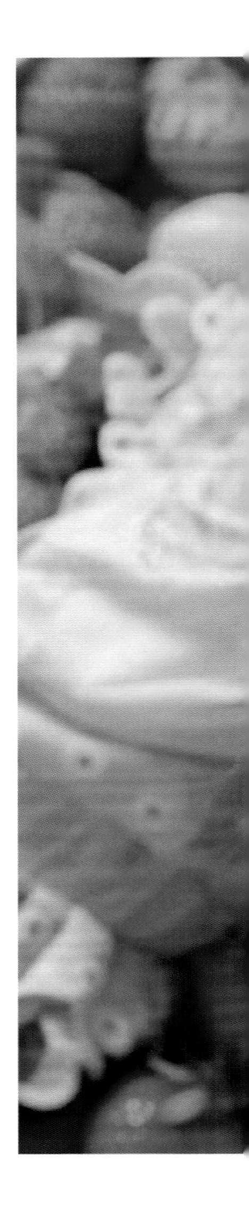

风格定义

图片展现了女性充满青春活力的状态。在这里，我们通过提示词“playful appropriation（俏皮的挪用）”“party hiphop（派对嘻哈）”和“light yellow and green（浅黄色和绿色）”，呈现出一种时尚、活泼的风格。

图片效果

女孩身后是一片橘黄色的水果，她的眼神中透露出叛逆，妆容、发型十分有趣，画面传递出舍我其谁的独特气质。

提示词

A blonde lady, strawberries, in the style of light aquamarine and orange, playful appropriation, party hiphop, the snapshot aesthetic, clowncore, detailed costumes, light yellow and green

中文翻译

一位金发女郎，草莓，浅海蓝和橙色风格，俏皮的挪用，派对嘻哈，快照美学，小丑核，细致的服装，浅黄色和绿色

唤醒独特性

风格定义

这幅图将民族风编织作品的手工质感与时尚感完美结合，我们运用了提示词“in the style of layered fibers（分层纤维艺术风格）”“multilayered（多层次）”和“frayed（磨破的）”等达到了这样的效果。

图片效果

包含毛毡、编织和流苏元素的服装面料，搭配具有民族风的图案和色彩，在服装呈现出传统手工质感的同时，人物的表情则营造了时尚感。

提示词

Two models in different outfits on a desert, in the style of layered fibers, colorful, eye-catching composition, frayed, playful and whimsical designs, exaggerated features, appropriation, multilayered

中文翻译

两位身着不同服装的模特在沙漠上，分层纤维艺术风格，色彩丰富，构图抢眼，磨破的，俏皮且异想天开的设计，夸张的特征，挪用，多层次

活力四射

风格定义

为了使画面看起来更加活泼、年轻，我们加入了提示词“playful Neo-Pop（有趣的新波普艺术）”，让画面呈现出轻松又新潮的氛围。

图片效果

人物身着色彩鲜艳的滑雪装备，滑雪镜片上反射出同伴们玩乐的身影，二者与冷色调的背景形成鲜明对比，一种年轻的活力扑面而来。

提示词

The model in ski gear wearing colorful ski goggles, in the style of onii kei, playful Neo-Pop, hard-edged, Voigtlander Brilliant

中文翻译

模特身着滑雪装备，戴着彩色滑雪镜，哥哥系风格，有趣的新波普艺术，锋利的，福伦达小百灵镜头

东方美

风格定义

通过使用提示词“New Chinese style（新中式风格）”“Hollywood glamour（好莱坞魅力）”，我们已能成功让 Midjourney 充分理解了我们的需求，呈现出了我们所期望的东方美感，因此我们没有加入有关相机的提示词。

图片效果

人物服装、环境装饰、色彩搭配都具有典型的传统中国风特色，而人物采用了典型的欧美女性长相，塑造出喜爱东方女性美风格的西方女性形象。

提示词

New Chinese style, a woman in green is standing on the stairs, in the style of gritty Hollywood glamour, Chinese cultural themes, dark orange and red, claire-obscure lighting, 1960s, photobash, lifelike figures

中文翻译

新中式风格，一位绿衣女子站在楼梯旁，坚韧不拔的好莱坞魅力风格，中国文化主题，暗橙色和红色，明暗对照式灯光，20 世纪 60 年代，照片拼贴，栩栩如生的人物

东方美

风格定义

在这张图片中，我们有意地加入提示词“Samyang AF 14mm f/2.8 RF（韩国森养镜头）”，从而令 Midjourney 更好地理解东方美。

图片效果

清风吹拂，绿意盎然的林间，身着汉服、中国面孔的女孩，面容平静，头发盘起，东方美人的柔美与优雅跃然纸上。

提示词

New Chinese style, a Chinese girl in traditional gown is watching grass near a tree, in the style of light green and dark gold, soft and dreamy depictions, fairycore, elegant clothing, dragon art, Samyang AF 14mm f/2.8 RF

中文翻译

新中式风格，身着传统长袍的中国女孩在树旁看草，浅绿色和暗金色的风格，柔美梦幻的描绘，仙女核，优雅的服装，龙的艺术，森养镜头 AF 14mm f/2.8 RF

东方美

风格定义

在这张图片中，为了让人物皮肤质感更加真实，我们加入了提示词“in the style of photorealist（写实主义风格）”。同时，我们有意地加入提示词“Samyang AF 14mm f/2.8 RF（韩国森养镜头）”，以此更好地表现东方美。

图片效果

画面中的东方女性眉发干练精致，眼神凌厉，着装现代又时尚，明艳的红色唇妆与绿色的竹林，产生强烈的色彩碰撞，却融合出典型的东方意境。

提示词

In the style of contemporary Chinese art, a woman in a white dress with red lipstick standing against some bamboos, in the style of photorealist, rural China, haunting visuals, detailed facial features, film/video, luminous reflections, Orientalism, Samyang AF 14mm f/2.8 RF

中文翻译

当代中国艺术风格，一位身着白色连衣裙、涂着红色唇膏的女士站在竹子旁，写实主义风格，中国乡村，令人难忘的视觉效果，细致的面部特征，胶片 / 视频，明亮的反光，东方风格，森养镜头 AF 14mm f/2.8 RF

甜美可爱

风格定义

通过提示词“in the style of kawaii aesthetic（可爱美学风格）”“fairy academia（仙女学院派）”“lace（蕾丝花边）”“cottagecore（田园核）”，生成了甜美可爱的女孩形象。

图片效果

图片中的女孩怀抱小羊，妆容造型以甜美梦幻的粉紫色为主，萌物加萌物，将甜美感打爆。

提示词

A woman holds a white goat in a field, in the style of kawaii aesthetic, webcam photography, violet and azure, fairy academia, shiny/glossy

中文翻译

一个女人在田野里抱着一只白山羊，可爱美学风格，网络摄像头摄影，紫色和蔚蓝色，仙女学院派，闪亮的 / 有光泽的

甜美可爱

图片效果

甜美可爱的少女，身着洛丽塔风格的雪纺连衣裙，妆容粉嫩可爱。

提示词

Wearing white dress with lace sleeves and a white bonnet, in the style of anime aesthetic, light pink and dark brown, matte photo, cottagecore

中文翻译

身穿白色连衣裙，袖子饰有蕾丝花边，头戴白色小帽，动漫美学风格，浅粉色和深棕色，哑光照片，田园核

元宇宙

风格定义

为了营造未来感和先锋感，我们加入了提示词“chrome-plated（镀铬的）” “in the style of detailed science fiction illustrations（详细的科幻插图风格）”等，以在画面中构造出未来的想象。

图片效果

沙漠中赫然出现的植物和装置形态奇异，人物服装在日光下反射出金属光泽，她仿佛是来自虚拟宇宙的女战士，整个画面给人一种天外来客的感觉。

提示词

New single release -- *Desert*, in the style of detailed science fiction illustrations, light green and pink, colorful animation stills, chrome-plated, sculptural costumes, made of flowers

中文翻译

新单曲发布——《沙漠》，详细的科幻插图风格，浅绿色和粉红色，彩色动画剧照，镀铬的，雕塑式的服装，花朵制成

Chapter
08

第八章

Popular Trends

流行趋势

流行趋势受到政治、经济、文化、科技等多方面因素的影响，能够体现社会发展及人们对生活的追求。流行趋势是不断变化的，但它是可以被总结归纳的，每年流行趋势的侧重点会有所不同。

根据我们对流行趋势的研究，我们将流行趋势大致分为以下 5 个方向。年轻趣味：主要受年轻群体喜爱，崇尚快乐、自在、多变。自然之境：亲近自然，悠闲、原始。自在简行：舒适、安全、无压力、简单。豪华经典：充满权力、金钱、奢侈的气息。动感休闲：带有运动感、轻奢质感。

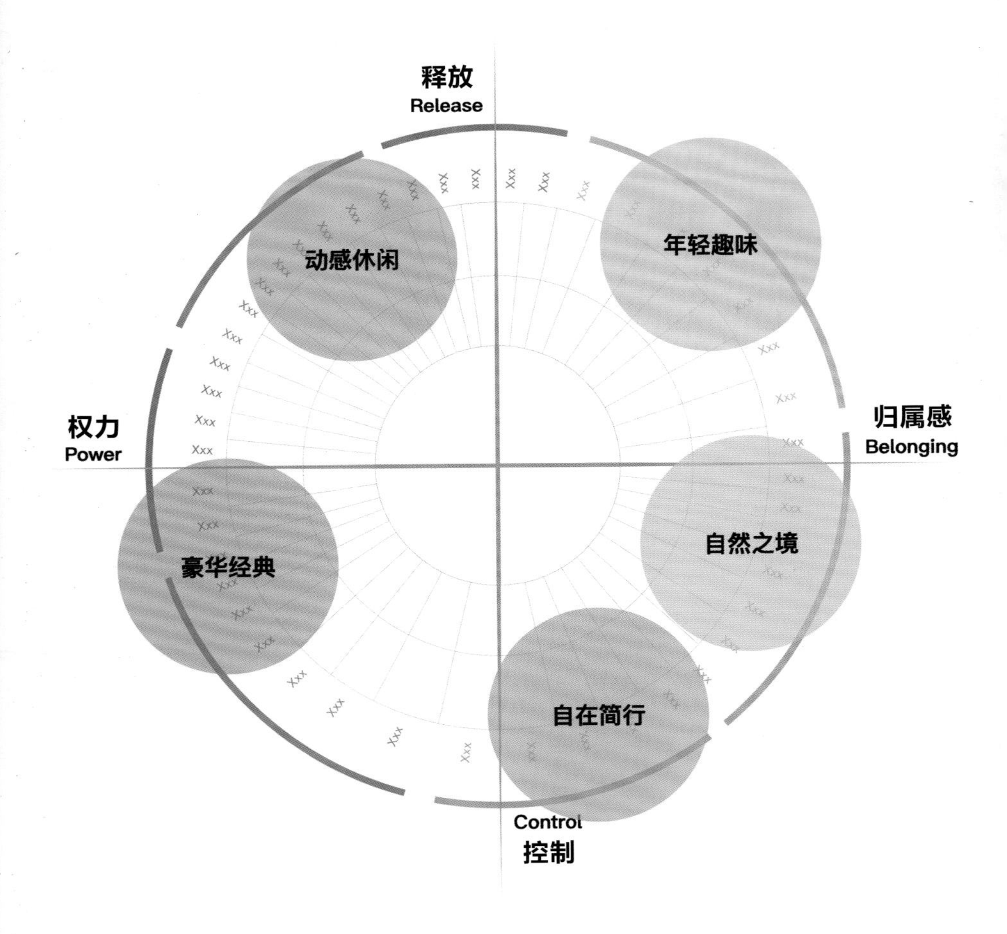

年轻趣味

风格定义

这里我们加入提示词“Western-style portraits（西式肖像）”“Y2K aesthetic（Y2K 美学）”和“futuristic optics（未来主义光学）”等，这些元素交织在一起，营造出一种年轻快乐又具有冲撞感的画面效果。

“Y2K aesthetic（Y2K 美学）”是以金属、科技、透明等为核心的穿搭风格，也叫“千禧风”。该风格的服饰具有一定的神秘感，其颜色大胆绚丽，迷幻和科技气息强烈，兼有复古和未来感。

为了增加画面的中国味道，我们还加入了提示词“Qing Dynasty（清朝）”，因此人物形象更具东方气质，衣服图案也更具东方韵味。

图片效果

绿与粉的碰撞，时尚大胆的造型，漂过的眉毛，无不充满怪异有趣的美感。

提示词

Featuring a woman in pink, in the style of Psychadelic Surrealism, Hayao Miyazaki, color clash, pink and emerald, Western-style portraits, Y2K aesthetic, Qing Dynasty, futuristic optics

中文翻译

画面主要呈现一个粉色系的女性，迷幻超现实主义风格，宫崎骏，色彩冲突，粉红色与翠绿色，西式肖像，Y2K 美学，清朝，未来主义光学

年轻趣味

风格定义

“old memecore（旧版迷因核）”是一种美学风格，是把一些经典形象与当下时尚元素结合，从而形成一种怪异、有趣又时尚的效果。

马克·奎因（Marc Quinn）出生于 1964 年，是来自英国的当代艺术家。他的作品通常探索身体、自然和人类存在的主题，在作品中，人工手段和现代技术介入自然生命，形成迷人又疯狂的植物个体。在提示词中加入“Marc Quinn”，可以生成具有雕塑感的物品和植物元素，使画面更丰富。

图片效果

在同一画面中，放大原本体积小的物体，形成一种别样的时尚趣味。

提示词

Green boots and a model in black, in the style of absurdist installations, Marc quinn, old memecore, elongated figures, soggy

中文翻译

绿色靴子和穿黑衣的模特，荒诞派装置艺术风格，马克·奎因，旧版迷因核，拉长的人物，湿漉漉的

年轻趣味

风格定义

我们想生成 DIY（自己动手制作）的生活物品的图片，因此添加了提示词“in the style of Neoplasticism（新塑造主义风格）”“messy（凌乱）”和“old memecore（旧版迷因核）”，从而得到了一幅简化、抽象又具有几何感的图片。

图片效果

通过不同颜色、不同材质的拼接，将植物感和昆虫感巧妙融合在一起，展现出奇异有趣的设计效果。

提示词

High heel boots, in the style of Neoplasticism, dark navy and light green, oversized objects, messy, old memecore, celebrity image mashup

中文翻译

高跟靴，新塑造主义风格，深蓝色和浅绿色，超大物件，凌乱，旧版迷因核，名人形象混搭

年轻趣味

风格定义

为了呈现独特的霓虹光感，我们尝试将霓虹灯光的炫彩效果与时装元素相融合。同时，加入“acid rain（酸雨）”“future punk（未来朋克）”等提示词，可以实现引人注目的视觉效果。

图片效果

模特身上透明或半透明的亚克力、塑胶材质，在灯光下折射出霓虹光感，画面充满未来朋克感。

提示词

Laser material fashion show, techno, acid rain, future punk, Sony FE GM, symmetrical composition, panorama, sparkle, UHD, super detail

中文翻译

激光材料时装秀，科技舞曲，酸雨，未来朋克，索尼 FE GM，对称构图，全景，闪光，超高清，超级细节

自然之境

风格定义

受都市园艺风潮和“露营热”的影响，具有田园感的轻工装服饰设计受到大家的喜爱，我们加入“pastures（牧场）”“idyllic（田园的）”这类提示词，以实现一种“都市中的自然”的画面效果。

图片效果

画面中两位男性模特的服装色彩清新，面料上淡雅的印花图案与周围的花卉呼应，再加上广告画报一般的质感，让人感到最前沿的时尚离自然如此之近。

提示词

Pastures, idyllic, the men in shorts and a vest stand against a building and flowers, in the style of light indigo and light green, Eastern and Western fusion, Y2K aesthetic, advertisement inspiration, color materiality, English countryside scenes --ar 73:100

中文翻译

牧场，田园的，穿短裤、马甲的男人背靠建筑和鲜花站立，浅靛和浅绿风格，东西方融合，Y2K 美学，广告灵感，色彩物质性，英国乡村场景，宽高比 73:100

自然之境

风格定义

皮埃尔·于热（Pierre Huyghe）1962 年出生，是一位观念艺术家。他的设计融合许多生物元素，注重探索生物的行为和彼此之间的互动。为了加强与环境的互动，我们还添加了提示词“interactive installations（互动装置）”。

图片效果

仿佛身处其他星球的表面，暗黑、孤寂。这就像一个超自然之境。

提示词

Metal art in the form of a rug with rocks and other small toys, in the style of Pierre Huyghe, dark paradise, interactive installations, monochromatic landscapes, fluid, glass-like sculptures, ominous landscapes

中文翻译

用石头和其他小玩具做成的地毯形式的金属艺术，皮埃尔·于热风格，黑暗天堂，互动装置，单色风景，流体，玻璃状雕塑，不祥的风景

自然之境

风格定义

“weathercore（天气核）”，这是一种模拟风动时的景象的美学风格，加入这个提示词能为画面带来云雾缭绕的空气感。提示词“snapshot aesthetic（快照美学）”的加入则是为了提升艺术性，形成独特的视觉风格。

图片效果

冷峻的雪山下出现一座暖色小屋，给人带来一种宁静、远离尘嚣的舒适感。

提示词

The building is next to a snow covered mountain, in the style of photo-realistic landscapes, snapshot aesthetic, weathercore, shoot, poster, detailed world—building

中文翻译

该建筑毗邻一座雪山，写实主义风景的风格，快照美学，天气核，拍摄，海报，细节丰富的世界建筑

自然之境

风格定义

浇注树脂（poured resin）是一种特殊的液体材料，透明或半透明。我们加入这个提示词，使生成的图像中的建筑通透且富有灵性。另外，加入提示词“a hotel built on a cliff by the sea（建在海边悬崖上的酒店）”，营造出自然景观与现代建筑设计融合之美。

图片效果

静谧丛林中的现代建筑，造型线条柔和，有一种隐匿于大自然的高级感。

提示词

A hotel built on a cliff by the sea, in the style of mysterious jungle, nature-inspired compositions, 32K UHD, poured resin, romantic riverscapes, rounded forms

中文翻译

建在海边悬崖上的酒店，神秘丛林风格，自然灵感构图，32K 超高清，浇注树脂，浪漫河景，圆形造型

自然之境

风格定义

Midjourney 能够出色地展现皮肤细腻的质感。我们在生成自然、安全的脸部产品的图像时，通过提示词“eyeshadow（眼影）”和“nature-inspired camouflage（自然迷彩）”，将产品与大自然的特质相结合，以优化对人物面部的表现，使产品更加引人注目。

图片效果

模特面部的妆效仿佛是将一摊藻泥或者一把泥土涂抹在皮肤上，富有野性。

提示词

A brown and black mix of eyeshadow, in the style of rough clusters, nature-inspired camouflage

中文翻译

棕色和黑色混合的眼影，粗犷团块风格，自然迷彩

自然之境

风格定义

充分展现事物的自然姿态和原始特征。提示词“cute and dreamy（可爱梦幻）”“softly organic（柔美有机）”让画面中的女性形象更柔美、更时尚。

图片效果

古朴的村庄被柔和的阳光照射，幽静的环境与女性的柔和气质相统一，画面呈现出一种安宁自然的氛围。

提示词

A woman standing on the rooftop of a house, cute and dreamy, rural China, softly organic, rusticcore, travel

中文翻译

一个站在房子的屋顶上的女人，可爱梦幻，中国乡村，柔美有机，乡村核，旅行

自然之境

风格定义

装饰元素的设计灵感源自大自然中各种事物，如岩石、树木等的形态和纹理。

图片效果

墙上的石头和地上的石凳，均保留了石头原始的形态，粗糙的质感营造出一个朴素自然的环境。

提示词

The living room has decorative rocks, large potted plants and a rocking chair, in the style of earth tone, indoor still life, woven/perforated, wood

中文翻译

起居室摆放着装饰性的石块、大型盆栽和摇椅，大地色风格，室内静物，编织的 / 穿孔的，木质

自在简行

风格定义

碎花图案的灵感来自传统家居装饰。细腻的棉布、府绸（由棉、涤、毛、棉涤混纺纱织成的平纹细密织物）等织物上布满凹凸的刺绣和清晰的线条。加入提示词“light orange and green（浅橙色和绿色）”“Byzantine-inspired（拜占庭风格）”和“white embroidered shirts（白色刺绣衬衫）”，可以生成简单且美丽的服装。

图片效果

人物身着棉麻衬衫，虽造型简单，却能给人带来舒适感，传统家居风的图案装饰令人自在、安心。

提示词

A woman wearing white embroidered shirts in front of a wall, in the style of whimsical folk, light orange and green, birds and flowers, Byzantine-inspired, photo taken with Provia, playful and whimsical

中文翻译

一位身穿白色刺绣衬衫的妇女在墙壁前，奇异民俗风情，浅橙色和绿色，鸟类和花卉，拜占庭风格，使用普罗维亚胶片拍摄的照片，俏皮而异想天开

自在简行

风格定义

马德拉斯格纹（Madras check）是由多种鲜艳色彩交织而成的方格图案。嘉顿格纹（Gingham check）的每个方格通常是等大的正方形，或传统、优雅，或时尚、有活力。将它们作为提示词，使主体物与画面风格相得益彰。

提示词“cottagecore”指田园核风格，体现了一种对乡村生活、对自然与简约的审美和生活方式的追求。

图片效果

简单的织物，朴素的生活用具，柔和的配色，都带给人放松的感觉，桌上的野花则增添了一丝自在愉悦感。

提示词

Rustic dining room in Madras check and Gingham check, cottagecore and rosy rustic tablecloth, linen fabrics, add a new twist

中文翻译

采用马德拉斯格纹和嘉顿格纹的乡村餐厅，田园核和玫瑰色质朴桌布，亚麻面料，添加新的变化

奢华经典

风格定义

加入提示词“ultimate luxury（极致奢华）”“gemstone（宝石）”等，令画面更显华丽；提示词“square（方形）”会让主体物更加有棱角。综合运用这些提示词，能够将豪华与经典品质结合起来。

图片效果

映入眼帘的烛台由金色金属和白色大理石制成，用料考究。烛台和鲜花使画面极富优雅、豪华之感。

提示词

The white and golden square candle sits on a mantel, ultimate luxury :1.5, gemstone, suspended/hanging, decorative details, romantic charm

中文翻译

白色与金色的方形蜡烛放在壁炉架上，极致奢华 :1.5，宝石，悬挂着的，装饰细节，浪漫魅力

动感休闲

风格定义

加入提示词“the man is sitting in a green chair and is wearing colorful sneakers（男子坐在绿色椅子上，穿着彩色运动鞋）”，图片大概率会以黄、绿色调为主。模特放松的坐姿与运动风的混搭服饰形成了有趣的组合。

图片效果

人物身着图案丰富的时尚西装，搭配运动鞋、冷帽，这一混搭造型色彩鲜明、风格年轻化，与豪华的环境融合后，传递出一种享乐的氛围。同时，画面显得时尚、新潮，看起来很像某个奢侈品牌与运动品牌联名的产品广告海报。

提示词

The man is sitting in a green chair and is wearing colorful sneakers, in the style of layered textures and patterns, commercial imagery, white and gold, bold patterns, UE5 --ar 3:2

中文翻译

男子坐在绿色椅子上，穿着彩色运动鞋，采用分层纹理和图案风格，商业图像，白色和金色，大胆的图案，虚幻引擎 5，宽高比 3:2

动感休闲

风格定义

消费者的户外运动需求发生变化，奢侈品牌运动服饰和装备时尚化成为趋势。我们加入提示词“limited color range（有限的颜色范围）”，控制画面整体饱和度，突出产品的高级感。

图片效果

画面人物以一种悠闲的姿态坐在雪山之上，散发出的松弛感与周围纯净的环境融合自然。

提示词

Actress models sport outfit for fall/winter ad, in the style of light beige and white, mountainous vistas, refined aesthetic sensibility, snow scenes, ready-made, limited color range

中文翻译

女演员为运动品牌秋冬服装广告的拍摄做模特，浅米色和白色的风格，山间美景，精致的审美感受，雪景，现成的，有限的颜色范围